中 等 职 业 教 育 "十 三 五" 规 划 教 材

中国煤炭教育协会职业教育教学与教材建设委员会审定

矿 井 火 灾 防 治

（第 2 版）

主　编　庞国强

副主编　雒有成

煤 炭 工 业 出 版 社

·北　京·

内 容 提 要

本书较系统地介绍了矿井火灾的防治知识，内容包括矿井火灾的类型与危害、煤炭自燃、内因火灾预防、外因火灾预防、矿井火灾处理和火区管理与启封。

本书适合煤炭中等职业学校采矿技术和矿井通风与安全专业教学用书，也可作为企业在职人员培训教材和煤炭生产技术人员参考资料。

煤炭中等专业教育分专业教学与教材建设委员会

（矿井通风与安全类专业）

修 订 说 明

为贯彻《教育部办公厅、国家安全生产监督管理总局办公厅、中国煤炭工业协会关于实施职业院校煤炭行业技能型紧缺人才培养培训工程的通知》精神，加快煤炭行业专业技能型人才培养培训工程建设，培养煤矿生产一线需要，具有与本专业岗位群相适应的文化水平和良好职业道德，了解矿山企业生产全过程，掌握本专业基本专业知识和技术的技能型人才，我们对2011年出版的矿井通风与安全专业中等职业教育国家规划教材《矿井火灾防治》进行了修订完善。

教材修订过程中，严格执行2016年10月1日起施行的最新修订后的《煤矿安全规程》，对旧版规程中的内容进行了更新；同时对原教材中的错误之处，进行了纠正；删减了部分章节中过多的矿井火灾事故案例，保留了最典型的案例，以更好地适应中职学生的学习特点。

本书由甘肃能源化工职业学院庞国强主编，其编写了第一章、第二章、第五章、第六章和第三章第一节至第六节的防灭火技术应用实例及第四章第二、三节的火灾事故案例部分；河南工程技术学校雒有成编写了第三章和第四章的余下内容。

中国煤炭教育协会职业教育

教学与教材建设委员会

2017 年 3 月

前　言

为贯彻落实《教育部办公厅、国家安全生产监督管理总局办公厅、中国煤炭工业协会关于实施职业院校技能型紧缺人才培养培训工程的通知》（教职成厅〔2008〕4号）精神，加快煤炭行业专业技能型人才培养培训工程建设，培养一批煤炭生产一线需要，具有与本专业岗位群相适应的文化水平和良好职业道德，了解矿山企业生产过程，掌握本专业基本专业知识和技术的技能型人才，经教育部职成教司与教材管理部门的同意，中国煤炭教育协会依据"矿井通风与安全"专业教学指导方案，组织煤炭职业学（院）校专家、学者编写了矿井通风与安全专业系列教材。

《矿井火灾防治》一书是中等职业教育规划矿井通风与安全专业教材中的一本，可作为中等职业学校采矿技术专业基础课程教学用书，也可作为在职人员培养提高的培训教材。

本书由甘肃煤炭工业学校庞国强主编并统稿，其编写了第一章、第二章、第六章和第三章第一节至第六节的防灭火技术应用实例及第四章第二、三节的火灾事故案例部分；河南工程技术学校锥有成编写了第三章、第四章；甘肃煤炭工业学校赵国英编写了第五章。

中国煤炭教育协会职业教育

教学与教材建设委员会

2011 年 5 月

目　　次

目　次

第一章 矿井火灾的类型与危害

第一节 矿井火灾及其分类

矿井火灾是指发生在矿井地面或井下，威胁矿井生产，造成损失的一切非控制性燃烧。例如，矿井工业场地内的厂房、仓库、储煤场、井口房、通风机房、井巷、采掘工作面、采空区等处的火灾均属矿井火灾。

一、矿井火灾的构成要素

任何火灾的发生必须同时具备3个条件：引火热源、可燃物和氧气，矿井火灾也是如此。

1. 引火热源

一定温度和足够热量的热源是点燃可燃物的先决条件。能够引起矿井火灾的热源很多，井下煤的自燃、爆破作业、机械摩擦、电流短路、吸烟、电（气）焊以及其他明火等都可能成为引火的热源。

2. 可燃物

可燃物是矿井火灾发生的基础。在矿井里，煤本身就是一种普遍存在的可燃物。另外，坑木、瓦斯等可燃气体、各类机电设备、各种油料、炸药等都具有可燃性。

3. 氧气

氧气供给是维持燃烧的必要条件。实验证明，空气中氧气浓度为3%时，燃烧不能维持；空气中氧气浓度在14%以下，蜡烛就要熄灭。《煤矿安全规程》规定，井下采掘工作面进风流中氧气浓度不得低于20%。因此，在井下空气中的氧气浓度自然会满足火灾发生的条件。

以上3个条件同时存在，而且要达到足够的数量和能量，才能引起矿井火灾，缺少任何一个要素，矿井火灾都不可能发生。

二、矿井火灾的分类

1. 按发生地点分类

按火灾发生的地点不同，可将矿井火灾分为地面火灾和井下火灾。

1）地面火灾

地面火灾是指发生在矿井工业场地内的厂房、仓库、储煤场、矸石场、坑木场等处的火灾。地面火灾具有征兆明显、易于发现、空气供给充分、燃烧安全、有毒气体产生量较少、空间宽阔、烟雾易于扩散、灭火工作回旋余地大、易扑灭的特点。

2）井下火灾

发生在井下的火灾以及发生在井口附近而威胁到井下安全、影响生产的火灾统称为井下火灾。井下火灾可以发生在井口房、井筒、井底车场、机电硐室、爆破材料库、进回风大巷、采区变电硐室、采掘工作面以及采空区等地点。

2. 按热源分类

按热源不同，可将矿井火灾分为内因火灾和外因火灾。

1) 内因火灾

内因火灾也叫自燃火灾，是指一些易燃物质（主要指煤炭）在一定条件和环境下（破碎堆积并有空气供给），自身发生物理化学变化聚集热量、温度升高而导致着火所形成的火灾。

内因火灾的主要特点如下：

（1）一般都有预兆。如有烟、有味道，烟雾多呈云丝状，有煤油味、焦油味；作业场所温度升高；一氧化碳或二氧化碳浓度升高，作业人员感觉头痛、恶心、四肢无力等都是内因火灾的预兆。因此，发现早期自燃火灾并不困难。

（2）多发生在隐蔽地点。内因火灾大多数发生在采空区、终采线、遗留的煤柱、破裂的煤壁、煤巷的高冒处、人工顶板下及巷道中任何有浮煤堆积的地方。

（3）持续燃烧的时间较长。

（4）发火率较高。开采一些容易自燃或自燃煤层时会经常发火。尽管内因火灾不具有突发性、猛烈性，但由于发火次数较多，且较隐蔽，因此，更具有危害性。

2) 外因火灾

外因火灾也叫外源火灾，是指由于明火、爆破、电气、摩擦等外来热源引起的火灾。

外因火灾的主要特点如下：

（1）发生突然、来势凶猛。外因火灾如发现不及时，处理不当，往往会酿成重大事故。

（2）往往在燃烧物的表面进行，因此容易发现，早期的外因火灾较易扑灭。要求井下作业人员发现外因火灾时，必须及时采取有效措施进行灭火，不要等到火势较大后，再进行灭火，那样困难就大得多。

（3）多数发生在井口房、井筒、机电硐室、爆破材料库、安装机电设备的巷道或采掘工作面等地点。

3. 按所选用的灭火剂分类

从选用灭火剂的角度出发，消防上根据物质及其燃烧特性对火灾进行如下分类：

A类火灾，指煤炭、木材、橡胶、棉、毛、麻等含碳的固体可燃物质燃烧形成的火灾。

B类火灾，指汽油、煤油、柴油、甲醇、乙醇、丙酮等可燃液体燃烧形成的火灾。

C类火灾，指煤气、天然气、甲烷、乙炔、氢气等可燃气体燃烧形成的火灾。

D类火灾，指钠、钾、镁等可燃金属燃烧形成的火灾。

4. 按燃烧物分类

按燃烧物不同，矿井火灾可分为煤炭燃烧火灾、坑木燃烧火灾、炸药燃烧火灾、机电设备（电缆、胶带、变压器、开关、风筒）火灾、油料火灾及瓦斯燃烧火灾等。

5. 按发火性质分类

按发火性质不同，矿井火灾可分为原生火灾和次生火灾。原生火灾即开始就形成的火灾。次生火灾是原生火灾发展过程中，含有可燃物的高温烟流在排烟过程中遇到新鲜空气后发生的燃烧。

6. 按发火地点和对矿井通风的影响分类

井下火灾按其发生的地点和对矿井通风的影响，可分为上行风流火灾、下行风流火灾和进风流火灾。

1）上行风流火灾

发生在上行风流中的火灾称为上行风流火灾。火灾发生后，从矿井进风井流向火源，经过火源流向回风井的一条风路称为主干风路，除主干风路以外的其他风路称为旁侧支路。上行风流中发生火灾时，由火灾产生的火风压（发生火灾时，高温烟流流经有高差的井巷所产生的附加风压）方向与风流方向一致，也就是与矿井主要通风机风压方向一致。此火风压对矿井通风的影响是使主干风路风流保持原方向，而与此主干风路相并联的一些旁侧支路的风流方向将不稳定，甚至可能发生风流逆转，引起风流紊乱事故。因此，所采取的防火措施应力求避免发生旁侧支路风流逆转。

2）下行风流火灾

发生在下行风流中的火灾称为下行风流火灾。下行风流中发生火灾时，火风压的方向与矿井主要通风机风压作用方向相反，发生风流逆转的风路与上行风流发生火灾时正好相反，主干风路中风流方向将是不稳定的，当火风压增大到一定值时，主干风路内的风流将发生逆转。

在下行风流中发生火灾时，通风系统的风流由于火风压作用发生的再分配和流动状态的变化，要比在上行风流中发生火灾时复杂得多，因此，需要采用特殊的灭火救灾措施。

3）进风流火灾

发生在进风井、进风大巷或采（盘）区等进风路内的火灾称为进风流火灾。这种火灾由于发生在新鲜风流中，氧气供给充分，发展速度较快，早期不易发现。另外，火灾产生的高温烟流和有害气体，随风流流入采掘工作面易造成人员伤亡。多数情况下，即使矿井有防火措施（如工人配备有自救器），在这种火灾中仍有可能发生大量人员伤亡事故。对于这种火灾，除了根据发火风路的结构特性，使用各自的控制措施外，更应根据进风流的特点，使用适应这种火灾的防治技术措施，如全矿或局部反风措施。

第二节 矿井火灾的危害

一、产生大量的有毒有害气体

矿井发生火灾后，可燃物会产生大量的有毒有害气体。如煤炭燃烧会产生二氧化碳、一氧化碳、氢气、二氧化硫和碳氢化合物；坑木、橡胶、聚氯乙烯等燃烧会产生一氧化碳、氯化氢、醇类、醛类以及其他复杂的有机化合物。其中一氧化碳中毒是导致矿井发生火灾或瓦斯、煤尘爆炸后人员大量伤亡的主要原因。因为人体血液中的血红素与一氧化碳的亲和力比它与氧气的亲和力大 250~300 倍，当人体吸入含有一氧化碳的空气时，一氧化碳首先与血红素相结合，阻碍了血红素与氧气的正常结合，从而造成人体血液缺氧，引起窒息和中毒。

二、引发瓦斯、煤尘爆炸

矿井火灾不但为瓦斯、煤尘爆炸提供了热源，而且火的干馏作用可使煤炭、坑木等放出一氧化碳、氢气和其他多种碳氢化合物等爆炸性气体。同时井下空气温度的升高也会使瓦斯的爆炸界限扩大，从而增加了矿井瓦斯爆炸的危险性。火灾还可使已沉降的煤尘重新悬浮，增加煤尘爆炸的可能性。

三、毁坏设备设施

一旦出现矿井火灾，现场的各种仪器、仪表、设备和设施会遭到严重破坏。火灾还会破坏支护，摧毁巷道和采掘工作面。有些没有被烧毁的设备和器材，由于长时间被封闭在火区而会腐蚀损坏。

四、引起矿井风流状态紊乱

矿井火灾时会产生火风压，造成矿井风流状态紊乱，如风流逆转、烟流逆退、烟流滚退。

（1）风流逆转是指在火风压作用下，反抗机械风压的影响致使矿井某些巷道风流方向发生变化。

（2）烟流逆退是指在着火巷火源上风侧新鲜风流继续沿巷道底部按原风向流入火源的同时，烟流沿巷道顶部逆向流出。

（3）烟流滚退是指在新鲜风流沿巷道底部按原风向流入火源的同时，火源产生的烟流沿上风侧巷道顶部逆向回退并翻卷流向火源。在一定条件下，这种现象也可能发生在下风侧。

五、烧毁资源，冻结煤量，影响生产，造成重大经济损失

矿井火灾会使煤炭发热量大大降低，甚至完全被烧毁。火区封闭会冻结大量的可采煤量，导致开采接续紧张，严重影响煤矿生产。同时，扑灭火灾需耗费大量人力、物力、财力，而且火灾扑灭后，恢复生产仍需付出很大代价。

六、矿井发生火灾因中毒和缺氧窒息导致人员伤亡的案例

捷克斯洛伐克某矿（图1-1），由于采区进风巷带式输送机的胶带摩擦着火引起了一场火灾（图中P点处），为了控制火势，在火源进风侧A处用风帘断风。灾区内有111名工人作业，且都佩戴有过滤式自救器，该区域有两个安全出口，这些都符合该国煤矿安全规程的规定。火灾发生后，一部分职工沿回风巷道往外撤退（即顺着烟流方向撤退），但是他们中的绝大多数人都没能脱险，只有一个人因火灾气体缺氧失去知觉后摔倒在带式输送机上，被带式输送机运到装卸点的新鲜风流处而得救，其余110名工人全部遇难。事故后经采集气体分析，造成110名工人死亡的主要原因是中毒和缺氧窒息（当时空气中的氧气浓度只有8%）。

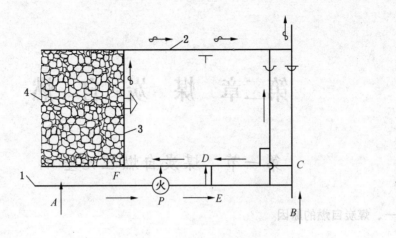

1—进风巷道；2—回风巷道；3—采煤工作面；4—采空区

图 1-1　捷克斯洛伐克某矿进风流火灾示意图

复习思考题

1. 什么叫矿井火灾？
2. 矿井火灾按发火地点和对矿井通风的影响可分为几类？
3. 什么叫内因火灾？它有什么特点？
4. 矿井火灾的危害是什么？

第二章　煤　炭　自　燃

第一节　煤炭自燃理论基础

一、煤炭自燃的原因

关于煤炭自燃的原因，有多种学说解释，其中主要的有黄铁矿作用学说、细菌作用学说、酚基作用学说以及煤氧复合作用学说等。煤氧复合作用学说已经得到了科学的证实，人们普遍认可。该学说的主要观点：煤在常温下吸收了空气中的氧气，产生低温氧化，释放微量的热量和初级氧化产物；由于散热不良，热量聚积温度上升，更加促进了低温氧化作用的进程，最终导致自然发火。

二、自然发火的定义与煤层自然发火期

1. 自然发火的定义

在理论上，自然发火是指有自燃倾向性的煤层被开采破碎后在常温下与空气接触，发生氧化，产生热量使其温度升高，出现发火和冒烟的现象。凡井下出现下列现象之一者，即定为煤炭自然发火：

（1）由于煤炭氧化自燃而出现明火、烟雾、煤油味等现象。

（2）由于煤炭氧化自燃而导致环境空气、煤炭、围岩及其他介质的温度升高，并超过 70 ℃。

（3）由于煤炭氧化自燃而在采空区或风流中出现一氧化碳，其浓度已超过自然发火临界指标，并呈上升趋势。

（4）采空区、高冒顶或巷道风流中出现乙烯、乙炔。

2. 煤层自然发火期

从煤层（火源处的）被开采破碎、接触空气之日起，至出现自燃现象或温度上升到自燃点为止，所经历的时间称为煤层自然发火期，以月或天为单位。巷道中煤层自然发火期以自然发火地点在揭露煤之日起至发生自然发火时为止的时间计算；采煤工作面中的煤层自然发火期应以工作面开切眼之日起至发生自然发火时为止的时间计算。每一煤层的所有采煤工作面和巷道，都应进行自然发火期的统计，确定煤层最短发火期。

目前我国规定采用统计比较和类比的方法确定煤层自然发火期。其方法如下：

（1）统计比较法。矿井开工建设揭煤后，对已发生自然发火的自然发火期进行推算，并分煤层统计和比较，以最短者作为煤层的自然发火期。计算自然发火期的关键是首先确定火源的位置。此法适用于生产矿井。

（2）类比法。对于新建的开采有自燃倾向性的煤层的矿井，可根据地质勘探时采集

的煤样所做的自燃倾向性鉴定资料，并参考与之条件相似的矿区或矿井，进行类比确定，以供设计参考。此法适用于新建矿井。

三、煤炭自燃倾向性鉴定

煤炭自燃倾向性的鉴定方法有很多，我国目前采用"双气路气相色谱吸氧法"。它是用 ZRJ-1 型煤自燃性检测仪来测定常压下每克干煤在 30 ℃时的吸氧量，根据此吸氧量来划分煤的自燃倾向性等级。

1. 鉴定的目的

鉴定煤自燃倾向性的目的是划分煤层自然发火等级，区分煤的自燃危险程度，从而采取相应的防火措施。

2. 自燃倾向性的划分

我国对煤炭自燃倾向性的划分见表 2-1。

新建矿井的所有煤层的自燃倾向性由地质勘探部门提供煤样和资料，送国家授权单位作出鉴定，鉴定结果报省级煤矿安全监察机构及省（自治区、直辖市）负责煤炭行业管理的部门备案。

生产矿井延伸新水平时，必须对所有煤层的自燃倾向性，由矿井提供煤样和资料，送国家授权单位作出鉴定，鉴定结果报省级煤矿安全监察机构及省（自治区、直辖市）负责煤炭行业管理的部门备案。

煤的自燃倾向性指标仅能说明煤层在开采时有无自燃的危险性，不能确切地指出自燃的时间。所以，生产矿井常把煤层的自然发火期作为衡量煤层自燃难易程度的指标。

表 2-1 煤炭自燃倾向性分类

自燃等级	自燃倾向性	30 ℃常压干煤的吸氧量/($cm^3 \cdot g^{-1}$)		备注
		褐煤、烟煤	高硫煤、无烟煤	
I	容易自燃	≥0.80	≥1.00	全硫（$S_f/\%$）>2.00
II	自燃	0.41~0.79	≤1.00	全硫（$S_f/\%$）>2.00
III	不易自燃	≤0.40	≥0.80	全硫（$S_f/\%$）<2.00

四、煤炭自燃的条件

煤炭自燃的必要充分条件：

（1）有自燃倾向性的煤被开采后呈破碎状态，堆积厚度一般要大于 0.4 m。

（2）有较好的蓄热条件。

（3）有适量的通风供氧。通风是维持较高氧气浓度的必要条件，是保证氧化反应自动加速的前提。实验表明，氧气浓度大于 15%时，煤炭氧化方可较快进行。

（4）上述 3 个条件共存的时间大于煤的自然发火期。

上述 4 个条件缺一不可，前 3 个条件是煤炭自燃的必要条件，最后 1 个条件是充分条件。

五、影响煤炭自然发火的因素

1. 影响煤炭自燃倾向性的因素

（1）煤的分子结构。研究表明，煤的氧化能力主要取决于含氧官能团的多少和分子结构的疏密程度。随着煤化程度增高，煤中含氧官能团减少，孔隙度减小，分子结构变得紧密。

（2）煤化程度。煤化程度是影响煤炭自燃倾向性的决定性因素。就整体而言，煤炭自燃倾向性随煤化程度增高而降低，即自燃倾向性从褐煤、长焰煤、烟煤、焦煤至无烟煤逐渐减小；就局部而言，煤炭自燃倾向性与煤化程度之间表现出复杂的关系，即同一煤化程度的煤在不同的地区和不同的矿井，其自燃倾向性可能有较大的差异。

（3）煤岩成分。煤岩成分对煤炭自燃倾向性表现出一定的影响，但不是决定性的因素。各种单一的煤岩成分具有不同的氧化活性，其氧化能力按镜煤>亮煤>暗煤>丝煤的顺序递减。镜煤受力后易成碎屑，含氢、氧和挥发成分高，易氧化自燃；丝煤虽然本身氧化活性弱，自燃点高，但丝炭组分中的细胞空腔能增大煤的裂隙和反应面，为氧向深部扩散提供通路，促进烟煤氧化自燃。

（4）煤中的瓦斯含量。煤中瓦斯存在和放散影响吸氧和氧化过程的进行，类似于用惰性气体稀释空气对氧化产生的影响。

（5）水分。煤的外在和内在水分以及空气中的水蒸气对褐煤和烟煤在低温氧化阶段有一定的影响，既有加速氧化的一面，也有阻滞氧化的因素。煤在自燃的过程中，只有其水分降低到一定值后，氧化速度才会加快，煤温才会急剧升高；煤湿水后再干燥与未湿水的干煤相比，化学活性增加；在低温时煤对水蒸气的亲和性比氧大，水蒸气凝结成水时生热量比氧化时生热量大。因此，稳定地保持采空区内空气具有较高的湿度，增加并保持煤本身的湿度，都可以抑制煤的低温氧化。

（6）煤中硫和其他矿物质。煤中含有的硫和其他催化剂会加速煤的氧化过程。统计资料表明，含硫量大于3%的煤层均为自然发火的煤层，其中包括无烟煤。

2. 影响煤炭自燃的地质、开采因素

（1）煤层厚度。煤层厚度越大，自燃危险性越大。这是因为厚煤层的开采中煤炭采出率低，煤柱易遭到破坏，采空区不易封闭严密，漏风较大等。厚煤层的开采有分层开采和一次采全高两种方法。分层开采时，下分层的回采巷道的掘进和回采作业均在人工顶板下进行，采煤和掘进过程都会与上分层的采空区发生漏风联系，自然发火严重。一次采全高时，采空区范围大，遗煤多，工作面推进速度慢，发火较严重，但小于分层开采。

（2）煤层倾角。煤层倾角越大，自然发火越严重。这是由于倾角大的煤层开采时，顶板控制较困难，采空区不易充实，尤其是急倾斜煤层煤柱也难留住，漏风大。

（3）顶板岩石性质。坚硬难垮落型顶板，煤层和煤柱上所受的矿山压力集中，易破坏，采空区充填不实，漏风大，且封闭不严，有利于自燃的发生。松软易冒落型顶板，采空区充填充分，漏风小，自燃危险性较小。

（4）地质构造。受地质构造破坏的煤层，松软、破碎、裂隙发育，氧化性增强，漏风供氧条件良好，因此，自然发火比煤层赋存稳定的区域频繁得多，尤其有岩浆侵入的区域自然发火更严重。

（5）开采技术因素。开采技术因素是影响煤层自燃的重要因素。不同开拓系统与采煤方法，使煤层自然发火的危险性不同。因此，选择合理的开拓系统和采煤方法对防止自然发火是十分重要的。合理的开拓系统应保证对煤层切割少，留设的煤柱少，采空区能及时封闭；合理的采煤方法应是巷道布置简单，煤炭采出率高，推进速度快，采空区漏风小。

（6）漏风强度。漏风给煤的自燃提供必需的氧气，漏风强度的大小直接影响着煤体的散热。

六、矿井自然发火危险程度的划分

1. Ⅰ级自然发火危险程度矿井

凡符合下列条件之一者，定为Ⅰ级自然发火危险程度矿井：

（1）近 10 年内百万吨自然发火率（每产煤 100×10^4 t 发生自燃火灾的次数）超过 3 次。

（2）自然发火期小于 3 个月。

（3）百万吨自然发火率超过 2 次，且自然发火期小于 6 个月的下列矿井：

①高、突矿井。

②采用分层陷落或放顶煤采煤法开采厚及特厚煤层的矿井。

③采用水平分层或斜切分层开采急倾斜中厚及厚煤层的矿井。

④煤的自燃倾向性为Ⅰ级（易燃），煤尘爆炸指数在 30% 以上的矿井。

2. Ⅱ级自然发火危险程度矿井

凡符合下列条件之一者，定为Ⅱ级自然发火危险程度矿井：

（1）近 10 年内百万吨自然发火率超过 2 次，但不超过 3 次。

（2）自然发火期小于 6 个月，但不小于 3 个月。

（3）百万吨自然发火率超过 1 次，且自然发火期小于 12 个月的下列矿井：

①高、突矿井。

②采用分层陷落或放顶煤采煤法开采厚煤层的矿井。

③采用水平分层或斜切分层开采急倾斜中厚及厚煤层的矿井。

④煤的自燃倾向性为Ⅱ级（自燃），煤尘爆炸指数在 20% ~ 30% 的矿井。

3. Ⅲ级自然发火危险程度矿井

凡符合下列条件之一者，定为Ⅲ级自然发火危险程度矿井：

（1）百万吨自然发火率为 1~2 次。

（2）自然发火期小于 12 个月，但不小于 6 个月。

（3）百万吨自然发火率超过 0.5 次，且自然发火期小于 12 个月的下列矿井：

①高、突矿井。

②采用分层陷落或放顶煤采煤法开采厚及特厚煤层的矿井。

③采用水平分层或斜切分层开采急倾斜中厚及厚煤层的矿井。

④煤的自燃倾向性为Ⅲ级（不易自燃），煤尘爆炸指数在 10% ~ 20% 的矿井。

4. Ⅳ级自然发火危险程度矿井

凡有自然发火史，但不符合Ⅰ、Ⅱ、Ⅲ级自然发火危险程度条件者，定为Ⅳ级自然发火危险程度矿井。

七、煤炭自燃的发展过程

煤炭自燃的发展过程按其温度和物理化学变化特征，分为潜伏期、自热期和燃烧期3个阶段，如图2-1所示。图中虚线为风化进程线。潜伏期与自热期之和为煤的自然发火期。

1. 潜伏期

自煤层被开采、接触空气起至煤温开始升高止的时间区间称为潜伏期。在潜伏期，煤与氧的作用以物理吸附为主，放热很小，无宏观效应；经过潜伏期后煤的燃点降低，表面颜色变暗。

潜伏期的长短取决于煤的分子结构、物理化学性质。煤的破碎和堆积状态、散热和通风供氧条件等对潜伏期的长短也有一定影响，改善这些条件可以延长潜伏期。

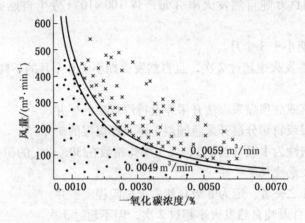

×—自然发火象征；·—正常状态

图2-1 煤炭自燃发展过程示意图

2. 自热期

煤的温度开始升高起至温度达到燃点的过程叫自热期。自热期是煤氧化反应自动加速、氧化生成热量逐渐积累、温度自动升高的过程。其特点：

(1) 氧化放热强度较大，煤温及其环境（风、水、煤壁）温度升高。

(2) 产生一氧化碳、二氧化碳和碳氢类气体产物，并散发出煤油味和其他芳香气味。

(3) 有水蒸气生成，火源附近出现雾气，遇冷会在巷道壁面上凝结成水珠，即出现所谓"挂汗"现象。

(4) 微观结构发生变化。

在自热期，若改变了散热条件，使散热大于生热，或限制供风，使氧浓度降低至不能满足氧化需要，则自热的煤温度降低到常温，称为风化。风化后煤的物理化学性质发生变化，失去活性，不会再发生自燃。

3. 燃烧期

煤温达到其自燃点后，若能得到充分的供氧（风），则发生燃烧，出现明火。这时会生成大量的高温烟雾，其中含有一氧化碳、二氧化碳以及碳氢类化合物。若煤温达到自燃点，但供风不足，则只有烟雾而无明火，此即为干馏或阴燃。煤炭干馏或阴燃与明火燃烧稍有不同，产生的一氧化碳多于二氧化碳，温度也较明火燃烧要低。

第二节 煤炭自燃的识别与预报

煤炭自然发火的早期识别与预报方法主要有人体感觉识别法、气体分析法、测温法、磁力预测法等。近年来，随着气味传感器的问世，又逐步形成了气味检测法。我国煤矿矿井预测预报主要采用气体分析法和测温法，并以气体分析法为主。

一、人体感觉识别法

1. 视力感觉

巷道中出现雾气或巷道壁出现水珠（俗称"挂汗"），这是火灾初期最早的外部征兆，但并不是每次都可靠。当井下两股温度不同的风流交汇时，也会出现雾气；采掘工作面透水前也有"挂汗"出现。因此，在发现这种现象时，要根据具体情况认真鉴别，作出正确的判断。

浅部开采时，冬季在地面钻孔口或塌陷区有时发现冒出水蒸气或冰雪融化现象，表明该地区井下采空区的遗煤已开始燃烧。

2. 气味感觉

如果在巷道或采煤工作面闻到煤油、汽油、松节油或焦油味，表明此处风流上方某地点煤炭自燃已经发展到自热后期。

3. 温度感觉

当人员行人某些地区，感觉空气温度高，闷热；触摸煤壁或巷道壁感觉发热或烫手，触摸从煤壁内流出的水感觉较热，说明煤壁内已经发生自热或自燃。

4. 身体不适的感觉

当人接近火源附近时，有头痛、闷热、精神疲乏、裸露皮肤微痛等不舒适的感觉。这与空气中氧气浓度减少，有害气体（一氧化碳、二氧化碳等）浓度增加有关。

由于人的感觉总是带有相当大的主观性，并与人的健康情况和精神状态有关，而且人的感官又较迟钝，往往要在各种征兆达到较为明显的程度才能觉察到。因此，凭人的直接感觉识别早期煤炭自燃并不可靠。

二、气体分析法

气体分析法是以煤自然发火过程中的气体产物规律来预测预报煤自然发火的过程。通过煤自燃氧化模拟试验得知，煤自燃氧化生成的气体是煤中的碳氧化所分解出的产物，其成分主要有一氧化碳（CO）、二氧化碳（CO_2）、甲烷（CH_4）、乙烷（C_2H_6）、丙烷（C_3H_8）、丁烷（C_4H_{10}）、乙烯（C_2H_4）、丙烯（C_3H_6）、乙炔（C_2H_2）和二氧化硫（SO_2）等。烯烃、炔烃及一氧化碳这几种气体组分在煤吸附气体中不存在，它们是标志煤自燃氧化进程的特征气体组分。

1. 煤炭自然发火过程中的气体生成规律

（1）一氧化碳是煤氧化过程中出现的氧化气体产物，并且贯穿于整个氧化过程。一氧化碳的发生浓度与煤温之间表现为单一递增的变化关系，并基本符合指数关系，但当煤温超过 180 ℃以后，这种指数关系就不复存在，而呈现出一种更快速的增长速率。一氧化碳发生的临界温度，褐煤为 40 ℃左右，烟煤在 65~95 ℃变化，无烟煤为 80 ℃左右，其总的趋势是随煤炭变质程度的增高而增大。

（2）自燃氧化气体中烯烃组分有乙烯和丙烯，其总的变化趋势是随煤温的升高而逐渐增大。乙烯发生的临界温度（0.1×10⁻⁶浓度时的煤温度），褐煤在 90 ℃，烟煤在 100~150 ℃；丙烯发生的临界温度要高于乙烯的临界温度 20~30 ℃，并且各煤种烯烃气体发生的临界温度值随煤炭变质程度的增加而上升。分析单位温升下烯烃气体组分发生的浓度变化可知，褐煤和变质程度较低的烟煤，在 150 ℃以前烯烃发生浓度随煤温增加比较缓慢，而超过 180 ℃以后，增加的速度变得很快，可以认为，180 ℃是这些煤种氧化结构发生剧烈变化的分界点。

（3）烷烃气体（C_2H_6，C_3H_8，C_4H_{10}）的发生浓度也是随煤温的升高而逐渐增大，其出现的临界温度稍高于一氧化碳。烷烃气体产生的绝对量值对不同的煤种和不同的成煤环境下的煤有较大的差别，这是由煤的结构差异变化所致。

（4）炔烃气体（仅为 C_2H_2）出现的时间最晚，出现的临界温度值较高，与一氧化碳和烯烃气体相比，其间有一个明显的时间差和温度差，炔烃气体是煤自燃进入燃烧期的产物。

气体分析法在过去相当长的时间内采用的是单一一氧化碳指标，但研究表明，一氧化碳指标与煤自然发火过程的分段性对应关系差，受现场影响因素干扰较大，因此，现阶段逐步发展为以一氧化碳、乙烯、乙炔、链烷比、烯烷比等为主要指标的综合预测预报指标体系。

2. 标志气体和标志气体指标

标志气体主要包括一氧化碳、烷烃气体、烯烃气体和炔烃气体等。

标志气体指标包括单一标志气体组分浓度、产生速率和临界温度，一氧化碳指数 I_{CO}，链烷比、烯烷比及其峰值温度、各氧化阶段的特征温度范围及标志气体等。

（1）单一标志气体组分浓度及增率。单一组分的一氧化碳、烷烃、烯烃和炔烃浓度，在一定程度上反映了自然发火的程度，可作为标志气体指标。单一组分的标志气体浓度在单位时间内的增率，可作为标志气体指标，按下式计算：

$$I_r = \frac{C_2 - C_1}{\Delta t} \tag{2-1}$$

式中　　I_r——某种标志气体浓度增率，1/d 或 1/h；

　　　　C_1、C_2——两次测定的某种标志气体浓度；

　　　　Δt——两次测定间隔的时间，取 $\Delta t = 20$ min。

（2）一氧化碳指数 I_{CO}。用流经火源或自燃源风流中的一氧化碳浓度增加量与氧气浓度减少量之比可作为自然发火的早期预报指标，其计算公式如下：

$$I_{CO} = \frac{100C_{CO}}{\Delta C_{O_2}} = \frac{100C_{CO}}{0.265C_{N_2} - C_{O_2}} \tag{2-2}$$

式中　　C_{CO}、C_{O_2}、C_{N_2}——回风侧采样点气样中的一氧化碳、氧气和氮气的体积浓度,%。

如果进风侧气样中氧氮浓度之比不是 0.265，则应计算出进风侧氧氮浓度之比值代替 0.265。

（3）链烷比。链烷比是指长链的烷烃浓度与甲烷或乙烷浓度之比。在煤氧化的升温过程中，链烷比呈现峰值变化规律，其峰值温度在一定程度上反映了自然发火进程，可以作为自然发火标志气体指标。常用的长链烷烃与甲烷浓度之比有 C_2H_6/CH_4，C_3H_8/CH_4，C_4H_{10}/CH_4。长链烷烃与乙烷浓度之比有 C_3H_8/C_2H_6，C_4H_{10}/C_2H_6。

（4）烯烷比。烯烷比在整个氧化过程中呈现峰值变化规律，其峰值温度在一定程度上反映了自然发火进程，可以作为自然发火标志气体指标。常用的烯烷比是 C_2H_4/C_2H_6。

（5）临界温度。临界温度是自然发火过程中首次产生某种标志气体的最低温度，是煤自然发火进入不同阶段的标志温度，在一定程度上反映了自然发火的进程，可以作为标志气体指标。

（6）峰值温度。峰值温度是指链烷比或烯烷比的峰值温度，可以作为自然发火标志气体指标。

（7）各氧化阶段的特征温度范围及标志气体。煤的氧化阶段包括缓慢氧化阶段、加速氧化阶段和激烈氧化阶段。标志气体优选工作应找出各阶段特征温度范围，以及该范围的标志气体。

3. 标志气体优选原则

（1）在使用一氧化碳及其派生指标的前提下，要寻求以乙烯为代表的烯烃气体和以乙炔为代表的炔烃气体共同作为综合判断指标的可能性，综合运用这些指标对煤自然发火的不同阶段及其发展态势进行预警预报。

（2）烯烃气体的代表——乙烯可以视为煤的氧化已确实进入自热阶段的标志气体。在有一氧化碳存在的前提下，只要出现乙烯即可作出煤已自然发火的预报。因此可以将它作为煤自然发火的预警指标。

（3）炔烃气体的出现意味着煤已进入或即将进入燃烧阶段，只要检测到乙炔就可断定监测区内存在已经燃烧的明火。因此，可以把它作为煤自然发火的明火报警指标，同时也可作为判断煤自然发火熄灭程度的指标。

（4）由于煤种不同，煤自然发火氧化发展阶段的温度范围、气体产物和特性都不同。因此，各矿应在大量和长期观测统计的基础上，优选适合于本矿的标志气体综合指标。一般是褐煤、长焰煤、气煤、肥煤以烯烃或烷比为首选，以一氧化碳及其派生指标为次；焦煤、贫煤和瘦煤则以一氧化碳及其派生指标为首选，以乙烯或烯烷比为辅；无烟煤和高硫煤的唯一依据是一氧化碳及其派生指标。

在 20 世纪 70 年代前，气体分析法大多采用人工取样。80 年代，煤矿普及气相色谱分析法，研制成功了束管监测系统。早期的 KY-1、ASZ-2 型束管监测系统仅能够分析一氧化碳、氮气、二氧化碳、甲烷等气体组分，精度较差。"八五"期间研制的 GC-85 型矿井火灾多参数色谱监测系统，不仅提高了分析精度，而且使分析组分扩充为 O_2、N_2、CO、CH_4、CO_2、H_2、C_2H_4、C_2H_6、C_3H_8、C_3H_6、C_4H_{10}、C_2H_2 以及包括 SF_6 在内的矿井火灾气体的全组分分析。

KHY-1、KHY-2、ASZ-2 和 GC-85 型束管监测系统都属于地面式监测系统，即井下气体通过束管直接抽至地面进行分析。随后的第二代束管监测系统是将地面分析单元置于距监测地点较近的井下硐室，分析单元在井下直接分析束管所采集的气样，再将分析结果以电信号的形式传输到地面中心站进行集中监测。

此外，矿井环境监测系统（如 KJF-2000 矿井环境监测系统）也能承担部分火灾参数（一氧化碳浓度、甲烷浓度、氧气浓度、温度、风速等）监测任务，对矿井火灾发展的态势进行预测预报。

三、测温法

测温法也是煤自然发火监测的常用方法之一。测温法主要用于煤层巷道异常点温度的监测，常用的方法有热电偶测温法、红外测温法、激光测温法等。

温度监测用的传感器主要有热电偶、测温电阻、半导体测温元件、集成温度传感器、热敏元件、光纤、红外线、激光及雷达波等。其中热电偶、测温电阻、半导体元件和热敏材料等由于其价格低廉、测试简单、操作方便而得到较广泛地应用。近年来，便携式激光测温仪表也得到较广泛的普及；而红外热成像、雷达探测等因受穿透距离、地质构造等因素的影响使用受到一定的限制。受煤矿井下作业环境流动性、分散性、空间受限及作业战线长的影响，温度监测不仅所需监测的点多，而且工作量巨大。

热敏电缆是由双股外表涂有热敏材料的导线绞结而成。通常温度下，热敏材料处于绝缘状态，当温度升高超过某一值时（如 70 ℃），两根导线间的绝缘状态受到破坏，据此发出火灾的预报或警报信号。热敏电缆的优点是进行无间断点的连续沿程监测，缺点是通常为定温感测，即当温度达到或超过某一定值时，才能发出预报或报警，而在此温度之前或警报动作之后的温度变化情况却无法得知。另外，热敏电缆感测温度的方式往往是以空气为介质通过热辐射的方式感测，而热敏电缆外层绝缘护套往往使感受热辐射的能力大大减弱，使其反应迟钝，而且热敏材料导通后是不可恢复的，需要及时更换局部或全部热敏电缆。此外，热敏电缆的连接和接头处理也比较麻烦，这也在一定程度上限制了它的推广与应用。

除此之外，我国还研制成功了测温电缆式矿井火灾温度在线实时监测系统，这种监测系统可根据监测点温度的变化情况确定自然发火态势。

四、气味检测法

近年来，我国煤炭科学研究总院抚顺研究院开展了以气味检测法为中心的煤矿自然发火综合防治技术研究，就气味传感器对煤矿火灾气体单一组分的敏感性及其规律、气味传感器的敏感特性与煤质的关系进行了较系统的研究。研究结果表明，气味传感器能捕捉煤低温氧化初期释放气味的微弱变化，此时煤温监测比用一氧化碳监测提前 20~30 ℃。但气味检测法与矿井监测场所气体、气味的本底情况有密切关系，就其实用性而言，还有待深入研究。

五、磁力预测法

磁力预测法的原理：铁磁性物质存在的区域温度发生变化时，其磁化率、磁场强度也随之发生相应变化，通过仪器测定磁场变化规律就可对自然发火进行预测预报。此方法只适用于煤层顶底板有铁磁性物质或能散布铁磁性物质的地方，其应用受到工艺和仪器灵敏度的限制。

六、煤炭自燃标志气体的检测

气体分析预测煤炭自燃主要靠检定管、便携式仪表、色谱分析仪、气体传感器。下面仅以一氧化碳为标志气体，简要说明检测方法。

1. 一氧化碳检定管

井下有害气体多采用抽气唧筒采取气样，用色谱仪分析或用不同的检定管来测定不同气体的浓度。一氧化碳检定管主要有比色式和比长式两种。

1）抽气唧筒

抽气唧筒的构造如图 2-2 所示，它由铝合金管及气密性良好的活塞等组成。抽气唧筒一次抽取气样 50 mL，活塞杆上有 10 个等分刻度，表示抽入气样的体积。三通阀阀把有 3 个位置，阀把平放时，抽取气样；阀把垂直时，活塞把气样通过检定管插孔压出；当阀把在 45°位置时，处于密闭状态，此时可把气样带到安全地点进行检定。

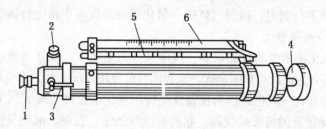

1—气体入口；2—检定管插孔；3—三通阀阀把；4—活塞杆；5—比色板；6—温度计

图 2-2 抽气唧筒

2）一氧化碳检定管

一氧化碳检定管由外壳、堵塞物、保护胶、隔离层及指示剂等构成，如图 2-3 所示。

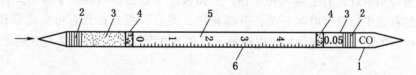

1—外壳；2—堵塞物；3—保护胶；4—隔离层；5—指示剂；6—刻度标尺

图 2-3 一氧化碳检定管

外壳用中性玻璃加工而成。堵塞物用的是玻璃丝布防声棉或耐酸涤纶，它对管内物质起固定作用。保护胶是用硅胶作载体吸附试剂制成。隔离层是有色玻璃粉或者其他惰性有色颗粒物质。指示剂是以活性硅胶作载体，吸附化学试剂碘酸钾和发烟硫酸加工处理而成。检定管上印有刻度，上端标有测量上限，如图 2-3 中的 0.05 表示一氧化碳浓度测量上限为 0.05%。

一氧化碳检定管的测定方法如下：

（1）在测定地点将活塞往复抽送气 2~3 次，使检定管内充满待测气体，将阀扭至 45°位置。

（2）打开一氧化碳检定管的两端封口，把标有"0"刻度线的一端插入插孔中，将阀扭至垂直位置。

（3）按检定管规定的送气时间将气样以均匀的速度送入检定管（一般为 100 s 送入 50 mL，有规定者例外）。

（4）送气后由检定管内棕色环上端所指示的数字，直接读出被测气体中一氧化碳的浓度。

当被测气体中一氧化碳的浓度大于检定管的测量上限（即气样尚未送完检定管已全部变色）时，应首先考虑测定人员的防毒措施，然后采用下述方法进行测定：先准备一个充有新鲜空气的气袋，测定时先吸取一定量的待测气体，然后用新鲜空气将其稀释至 $1/2 \sim 1/10$，送入检定管，将测得的结果乘以气体稀释后体积变大的倍数，即得被测气体中一氧化碳的浓度值；或采用缩小送气量和送气时间进行测定，测定管读数乘以缩小的倍数，即为被测气体中一氧化碳的浓度值。对测量结果要求比较高时，最好更换测量上限高的一氧化碳检定管。

当被测气体中一氧化碳浓度较小，用检定管测量不易直接读出其浓度值时，可采用增加送气次数的方法进行测定，被测气体中一氧化碳的浓度等于检定管读数除以送气次数。

2. 一氧化碳检测报警仪

检测矿井一氧化碳浓度的仪器很多，按原理分为电化学、红外线吸收、气敏半导体型等；按安装方式可分为便携式和固定式。就我国目前使用情况来看，以电化学便携式居多。

LTJ-300 型便携式一氧化碳检测报警仪是应用电化学原理实现大气中一氧化碳气体含量测量与超限自动报警的携带式仪器，它具有读取迅速、直观、准确及连续监测等特点。

该仪器以 3 位数码来显示所测一氧化碳的浓度值，显示一氧化碳浓度的范围为 $0 \sim 0.0003\%$，报警范围在 $0.002\% \sim 0.15\%$ 内任意可调，报警方式为断续声光信号，仪器的反应时间小于 30 s，传感器使用寿命为 1 年。

LTJ-300 型便携式一氧化碳检测报警仪的结构如图 2-4 所示。仪器的外形为长方形，左上部为报警指示灯，右上部为传感器。正面板左上方为蜂鸣器，中部为 3 位数码显示窗，仪器的右侧中部设有电源开关，下部有一"关合"板，打开它可见调零和调报警点电位器。仪器的中下部设有调精度电位器，而在下方则设有一节 6F22 型叠层方形电池。

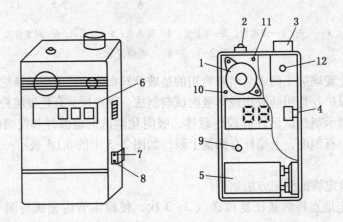

1—蜂鸣器；2—报警灯；3—传感器；4—电源开关；5—9 V 电池；6—显示窗；7—调零电位器；8—调报警点电位器；9—调精度电位器；10—调整电压测量端；11—调整稳压电位器；12—传感器固定螺丝

图 2-4 LTJ-300 型便携式一氧化碳检测报警仪

一氧化碳检测报警仪的使用可分为如下几个步骤：

1）准备

（1）仪器的工作电压检查。为了保持仪器工作可靠，在每次使用之前必须进行电压检查，即接通仪器电源 5 min 后，如果没有负压报警，说明仪器电源充足可以使用；否则需要更换 9 V 叠层电池。还要检查仪器的指示值是否稳定，如果发现不稳定，需等仪器稳定后再进行使用。

（2）电零点检查。在清洁空气中接通电源后，仪器显为 000，如果发现超过 $0.5 \times 10^{-5}\%$，需要调整电位器，使其归零。

2）使用

上述检查完毕后，仪器即可进行工作，可检测人员所在位置的一氧化碳浓度。若要检测某一点的一氧化碳浓度，可将仪器举到待测地点，指示值稳定后所显示的数值即为该点的一氧化碳浓度。

3）安全注意事项

（1）不要在含有硫化氢、二氧化硫、氢气、一氧化氮等气体的场合下使用，否则会产生误差。

（2）不要在一氧化碳浓度高于 0.0003% 地点长时间使用，否则会影响传感器的使用寿命。

（3）为了保证仪器的防爆性能，在井下使用过程中，严禁拆开仪器，更不允许在含有爆炸性气体的地点更换电池。

（4）应注意仪器的保养，每周用毛刷清除传感器上的灰尘，以保证仪器通风性能良好，并存放于通风、干燥、无腐蚀性气体的地点。

（5）对仪器的零点、指示值、警报点每旬调试一次。

（6）仪器应定期更换电池。不使用的仪器一般每 40 天更换一次电池，以保证应急使用。仪器如果长期不使用，应将电池取出，以免电池产生的漏液损坏仪器。

（7）注意自身安全，防止冒顶等伤人事故的发生。

（8）发现一氧化碳或其他有害气体严重超标时应及时退出，防止中毒。

3. 气相色谱仪

气相色谱仪是气体分析最精确、最可靠的仪器，特别是随着分析仪器及计算机自动控制和数据处理技术的不断进步，色谱分析仪操作、分析程序和数据处理越来越简单化，已经形成了从进样、分析、数据处理到报告打印及预测预报的自动化。图 2-5 所示为我国研制的 GC-85 型矿井火灾多参数色谱监测系统。

系统由自动取样器、专用色谱分析仪、色谱数据处理工作站以及束管采样单元组成。自动取样器具有 12 路束管接口，色谱数据处理工作站可控制自动取样器，循环采集各路束管的气样进行分析，同时，还留有手动进样口，可以分析人工采集的任何地点的气样。专用色谱仪可分析 O_2、N_2、CO、CO_2、CH_4、C_2H_6、C_2H_4、C_3H_6、C_3H_8、C_2H_2、C_4H_{10} 等多种常、微量气体组分。

色谱数据处理工作站具有三大功能：一是对色谱分析仪的输出信号进行 A/D 转换，并作相应的数据处理，求出各组分的浓度；二是按设定要求控制自动取样器的时间程序，实现自动取样；三是利用火灾预测预报的专用软件，根据分析检测结果进行火灾预测预报

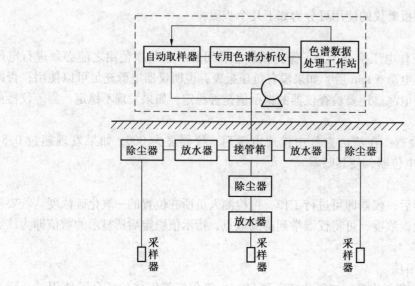

图 2-5　GC-85 型矿井火灾多参数色谱监测系统

分析、提示、报警等。

七、以一氧化碳绝对生成量预测煤炭自燃实例

以一氧化碳绝对生成量预测煤炭自燃,是通过测定观测点气样中的一氧化碳浓度和观测点风流的风量计算发火系数(H)来确定煤炭自燃及早期预报煤炭自燃。发火系数(H)的计算公式如下:

$$H = CQ \tag{2-3}$$

式中　H——发火系数,m^3/min;

C——观测点气样中的一氧化碳浓度,%;

Q——观测点风流的风量,m^3/min。

某矿以工作面一氧化碳绝对发生量作为煤炭自然发火的预报指标。他们在工作面进、回风巷中分别设观测点,测定一氧化碳浓度、风量、温度等,并计算出两测点一氧化碳含量差值,即为工作面一氧化碳绝对生成量,以此作为预测自然发火的指标值。他们对 36 个工作面进行观测,分析了 2500 个气样,取得了上万个数据,进行汇总整理并绘制了等值曲线,如图 2-6 所示。该矿结合井下观测的实际情况确定了自然发火系数 H 的临界值:当 $H < 0.0049\ m^3/min$ 时,无自燃现象;当 $H \geq 0.0059\ m^3/min$ 时,为自燃预报值;当 H 处于 $0.0049 \sim 0.0059\ m^3/min$ 时,必须加强观测。

该矿曾两次通过束管监测系统应用一氧化碳绝对生成量法成功预报了煤炭的自然发火,其中一次发火点如图 2-7 所示。

该矿一采区自从设观测点以来,一氧化碳含量一般在 $0.0059\ m^3/min$ 以下,矿井实际也无自燃征兆。但是到 4 月 17 日,采区回风侧的一氧化碳含量增加,其值超过了预报临界值,化验室发出火灾预报。4 月 20 日,一氧化碳浓度为 0.0040%,通过观测点的一氧化碳含量达 $0.0090\ m^3/min$。不久发现井下溜煤眼里积存的浮煤出现发火征兆。立即采取直接灭火和包帮灌浆措施后,自燃火熄灭,恢复正常。一采区 4 月监测结果如图 2-8 所示。

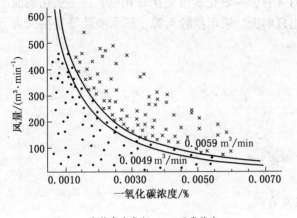

×—自然发火象征；·—正常状态

图 2-6 一氧化碳绝对生成量等值曲线

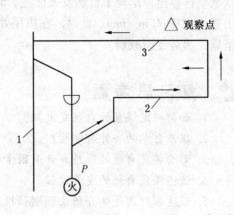

1—采区下山；2—运输巷；3—回风巷；P—发火点

图 2-7 一采区发火点位置

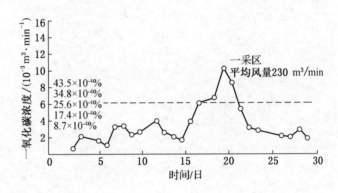

图 2-8 一采区 4 月监测结果

　　第二次是 5 月份一井一采区采煤工作面煤炭自燃。当月监测结果如图 2-9 所示，4 月 30 日前该工作面自设观测点由监控数据得出一氧化碳浓度在安全值以下，井下实际情况正常。但从 4 月 30 日以后，由于采煤队扒煤连通了上分层采空区，于是一氧化碳含量增加，超过了预报值，化验室的有关部门立即发出火灾预报。5 月 2 日，回风侧一氧化碳浓度达 0.0040%，通过观测点的一氧化碳含量为 0.0090 m³/min。5 月 3 日，大量一氧化碳

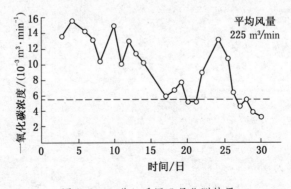

图 2-9 一井一采区 5 月监测结果

从采空区渗出,出现了自然发火征兆。5月4日,一氧化碳浓度达0.0160%,一氧化碳涌出量达0.0360 m³/min。此时,在机尾处出现明火。采用挖除火源、洒水灌浆等直接灭火措施,火势逐渐减弱。

复习思考题

1. 如何确定煤层的自然发火期?
2. 煤炭自燃的条件有哪些?
3. 影响煤炭自燃的地质、开采因素有哪些?
4. 试述煤炭自燃的发展过程。
5. 试述如何用气体分析法预测预报煤炭自燃。

第三章　内因火灾预防

自燃火灾多发生在风流不畅通的地点，如采空区、压碎的煤柱、巷道顶煤、断层附近、浮煤堆积处等，给煤矿安全生产带来极大的影响，必须引起足够的重视。预防自燃火灾的措施主要有开采技术措施、预防性灌浆、阻化剂防灭火、凝胶防灭火、均压防灭火、氮气防灭火等。

第一节　开采技术措施

研究和总结我国煤矿自燃火灾发生的规律发现，由于开采技术和管理水平不同，导致开采自燃倾向性相同煤层的不同矿井，或同一矿井的不同采区，甚至同一采区的不同工作面，自然发火次数有明显的不同。矿井的开拓方式、采区巷道的布置方式、回采方法、回采工艺、通风系统选择以及技术管理水平等因素，对煤层的自燃起着决定性的作用。防止自燃火灾对于开拓、开采的要求：提高采出率，减少煤柱和采空区遗煤，破坏煤炭自燃的物质基础；加快回采速度，回采后及时封闭采空区，缩短煤炭与空气接触的时间，减少漏风，消除自燃的供氧条件，破坏煤炭自燃的过程。

一、确定合理的开拓方式

自燃矿井在布置开拓、开采巷道时应遵守少切割煤层，尽量保持煤层完整的原则。《煤矿安全规程》第二百六十二条规定，对开采容易自燃和自燃的单一厚煤层或煤层群的矿井，集中运输大巷和总回风巷应布置在岩层内或不易自燃的煤层内；如果布置在容易自燃和自燃的煤层内，必须锚喷或砌碹，碹后的空隙和冒落处必须用不燃性材料充填密实，或用无腐蚀性、无毒性的材料进行处理。

采区进、回风巷和一些服务年限较长的区段进、回风巷，尽可能采用岩石巷道布置，以减少煤层切割量，降低自然发火的可能性。若布置在煤层中，要选择不自燃或自燃危险性较小的煤层，采区内煤巷间的相对位置应避开支承压力的影响，煤柱的尺寸和巷道支护要合理选择等。煤层受严重切割后，在回采动压的反复作用下，巷道不易维护，容易发生片帮冒顶留下浮煤，煤柱反复受压后很容易被压裂而增大触氧暴露面，从客观上增加自燃发火的概率。如果采用岩石巷道，可以提高采出率，减少巷道维护量，减少煤层的切割量，减少煤层的触氧暴露面，从源头上降低自然发火的概率。

二、重叠布置区段巷道

近水平或缓倾斜厚煤层分层开采时，区段巷道采用垂直式布置，如图3-1所示。区段巷道沿铅垂线重叠布置可以减少煤柱尺寸或不留煤柱，巷道避开支承压力的影响，容易维护。垂直式布置与内错式布置（图3-2）或外错式布置（图3-3）方式相比，减少了煤炭的损失量，取消了由于巷道内错而形成的一条或多条储热氧化易燃隅角带，也免除了因巷道外错而造成的煤柱破碎和堆积，有利于防止煤炭自燃的发生。

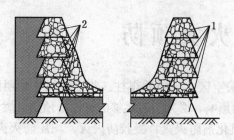 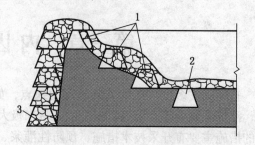

1—分层回风巷；2—分层运输巷　　　　　1—易燃隅角带；2—分层运输巷；3—下区段回风巷

图 3-1　区段巷道采用垂直式布置　　　　图 3-2　区段巷道采用内错式布置

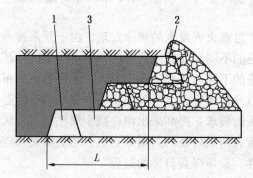

1—外错分层巷；2—虚实交接带；3—区段冒落后易燃带

图 3-3　区段巷道采用外错式布置

三、分采分掘布置区段巷道

为了解决独头巷道掘进通风问题，不少矿井采用上区段运输巷与下区段回风巷同时掘进，两巷中间再掘进一些联络巷的布置方式，如图 3-4 所示。随着工作面的推进，被联络眼切割的煤柱受采动影响极易受压碎裂，工作面后方遗留在采空区内的联络眼很难严密封闭，从而引起煤柱和采空区自然发火。因此，从防火的角度出发，将原来的掘进顺序改为上下区段分采分掘的方法，即回采区段工作面的进、回风巷同时掘进，而在上下相邻区段的进、回风巷之间不再掘联络眼，如图 3-5 所示。

四、选择合理的采煤方法

在采煤方法的选择上，采用巷道布置简单、采出率高、切割煤层少、回采速度快、采空区塌实度好、推进方式有利于减少采空区漏风的采煤方法，有利于防止煤炭自燃。

高落式、房柱式等老的采煤方法采出率很低，采空区遗留大量而又集中的碎煤，掘进巷道多，漏风大，难以隔绝。开采易于自燃的煤层时，选用这种方法是十分危险的。

长壁式采煤法由于巷道布置比较简单，掘进切割煤层量小，采出率高，有利于防止煤层自然发火。后退式开采由于采空区的漏风量比前进式小得多，有利于防止采空区自然发火。

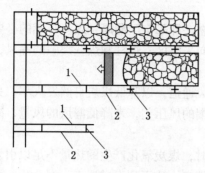

1—上区段工作面运输巷；
2—下区段工作面回风巷；3—联络眼

图3-4 上区段运输巷和下区段回风巷同时掘进

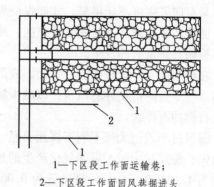

1—下区段工作面运输巷；
2—下区段工作面回风巷掘进头

图3-5 回采区段工作面的进、回风巷同时掘进

炮采工艺由于推进速度慢，采空区浮煤触氧时间长，自然发火的概率较高。综采工艺则回采速度快，在产量相同的条件下，缩短了破碎煤体的暴露时间和暴露面积，能大大降低自然发火的概率。综放工艺生产环节多，推进速度相对综采工艺要慢，且采空区遗留浮煤多，堆积厚度大，采空区漏风大，加上机械设备功率大，发热量大，工作面环境温度高，因此，采空区自然发火的可能性反而比综采工艺大。

顶板控制方法能影响煤炭采出率、煤柱的完整性和漏风量的大小。开采有自燃危险的煤层时选择顶板控制方法要慎重。采用全部陷落法控制顶板，顶板岩性松软时，容易垮落，碎胀系数较大，采空区塌落密实，漏风量小，防火效果较好；顶板坚硬时，垮落块度大，碎胀系数较小，采空区塌落不密实，漏风量大，浮煤堆积较疏松，极易发生采空区自燃。若用惰性材料及时而致密地填充全部采空区，可以大大减少自燃火灾的发生。

五、无煤柱开采

无煤柱开采就是在开采中取消了维护巷道和隔离采区的煤柱。这种开采方法应用得好，不但可以取得良好的经济技术效果，而且能有效地预防煤柱自然发火。在近水平或缓倾斜厚煤层开采中，水平大巷、采区上（下）山、区段集中运输巷和回风巷布置在煤层底板岩石里，采用跨越回采，取消了水平大巷煤柱、采区上（下）山煤柱；采用沿空掘巷或留巷，取消区段煤柱、采区区间煤柱；采用倾斜长壁仰斜推进、间隔跳采等措施，对抑制煤柱自然发火起到了重要作用。如鹤岗一矿区段煤柱发火率55.6%，采用无煤柱开采措施后未发生自燃事故。

但是，无煤柱开采使相邻采区无隔离带，造成采区难以封闭严密，漏风成为主要问题，一旦采空区浮煤自燃，给封闭火区灭火造成困难。因此，必须加强矿井通风管理，防止漏风引起煤炭自燃。

六、采空区及时封闭

采空区火灾占矿井火灾的50%以上。自燃火源主要分布在有碎煤堆积和漏风同时存在且存在时间大于自然发火期的地方，如终采线和进、回风巷附近。当采空区有裂隙，与地表或其他风路相通时，在有碎煤存在的漏风路线上都有可能发火。因此，采空区必须及时封闭。

只有向采空区不断供氧，才能促使煤炭氧化自燃，即采空区漏风是煤炭自燃的必要条件。加快回采速度、及时密闭采空区，减少或杜绝向采空区、煤柱和煤壁裂隙的漏风，就可以控制自然发火的发生。

在矿井的实际管理中，一方面，应严密堵塞漏风通道，以降低煤炭自然发火率；另一方面，应尽量降低矿井总风压，以减少漏风通道两端的风压差，来降低漏风的风量，减少煤炭自燃的可能性。

漏风过小或过大都不利于煤炭自燃。漏风过小时，煤炭氧化产生的热量不足以引发自燃火灾；漏风过大时，煤炭氧化产生的热量被风流带走，达不到引燃温度。据分析，漏风风速为 $1.2 \sim 2.2$ m/min，漏风量为 $0.06 \sim 1.2$ m³/(min·m²) 时，容易引起煤炭自然发火，其中漏风量为 $0.4 \sim 0.8$ m³/(min·m²) 时最危险。

七、采煤工作面后退式开采

对具有自燃性的煤层，应采用后退式回采，禁止采用前进式回采。

采煤工作面后退式回采"U"型通风系统的采空区内，遗留浮煤的自燃情况可分为不自燃带Ⅰ、自燃带Ⅱ和窒息带Ⅲ，如图3-6所示。

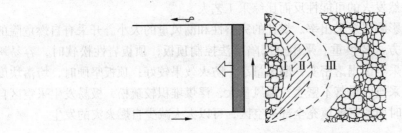

图3-6　煤的自燃三带划分

这3个带随工作面的推进而前移。在靠近工作面的一定宽度内，由于漏风量大，热量难积累，所以不会发生自燃，因此称为不自燃带。在自燃带内，漏风量适宜，煤炭氧化的热量易于积累，所以易于自燃。自燃带之后的采空区顶板岩石冒落后被压实，漏风量很小，煤氧化所需的氧气不足导致自燃中断，即使煤已自燃也会因缺氧而窒息，因此称为窒息带。显然，工作面推进越慢，自燃带宽度越大，越易自燃。

同样道理，煤壁内的自燃也可以用缩短巷道存在时间的方法来预防，即对已不用的巷道及时封闭，切断供氧。但必须说明的是，由于巷道（包括采空区周边的回采巷道）的顶板岩石冒落并不能将其完全充填，所以这些部位仍会有漏风存在，煤炭仍存在自燃的可能，还应采取其他的综合措施来预防。

八、利用开采技术防止煤炭自燃应用实例

某矿区综放采煤工作面根据本矿区煤炭自燃的规律及特点，总结出一整套预防煤炭自燃的技术措施。

1. 合理布置巷道

（1）对一些服务时间较长的巷道应尽量采用岩石巷道。开采有自燃倾向性的煤层，

特别是自然发火严重的厚煤层矿井，运输大巷、回风大巷、采区上下山等服务年限长的巷道一般应布置在稳定的岩层中；对于厚煤层分层开采，通常在煤层底板岩石中开掘区段运输集中平巷和区段回风集中平巷或采用多组上山布置方式。

（2）区段煤巷采用垂直重叠布置。厚煤层分层开采时，分层区段平巷的布置有内错和外错两种布置方式，这两种布置方式对防止采空区浮煤自燃都有一些不利的因素。如图3-7a所示的内错式布置，在采空区上下分层巷道形成的台阶煤柱内侧隅角带易蓄热氧化自燃；如图3-7b所示的外错式布置，在下分层回采时煤柱顶煤冒落堆积也易形成易燃带；如果各分层巷道重叠布置，如图3-7c所示，可以减小煤柱，甚至不留煤柱，能消除采空区浮煤自燃的基本条件。

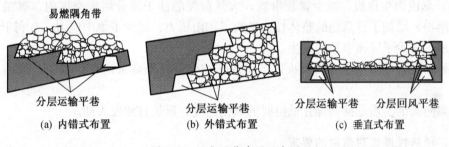

图3-7　区段平巷布置示意图

（3）采用无煤柱护巷方式布置。留煤柱护巷时，不但浪费煤炭资源，而且遗留在采空区中的煤柱也给自然发火创造了条件。采用无煤柱护巷方式，取消了煤柱，也就消除了由此带来的煤炭自燃隐患。矿区无煤柱开采方式主要有跨上（下）山回采、跨大巷回采、跨水平回采、沿空送巷等。

2. 坚持正规开采和合理的回采顺序

开采工作中要设法加快工作面推进速度，提高采煤机械化程度，采用一切可能的措施提高采出率，避免在采空区中留下任何不必要的煤柱，特别是要避免将一个走向长壁工作面沿走向在其中部另掘开切眼，形成两个工作面同时回采的不规范做法；否则，在开采过程中会向前部工作面采空区大量漏风，开采结束后会在采空区中留下孤岛煤柱。同时，要按照合理的回采顺序进行开采，煤层间、区段间一般采用下行式，下山采区则采用上行式；区段内采用后退式，尽量避免形成孤岛工作面。

第二节　预防性灌浆

预防性灌浆就是将不燃性材料和水按一定比例配成浆液，利用高度差产生的静压或水泵的加压，将浆液经输浆管路输送至可能发生自燃的采空区。浆液中的固体物沉降下来，水则经巷道排出。这种预防采空区遗留煤炭自燃的措施，叫做预防性灌浆，是我国目前广泛采取的一种预防煤炭自燃的措施。

一、预防性灌浆的主要作用

（1）降低和消除自燃现象。泥浆进入采空区后，将遗留的煤炭覆盖包裹起来，使其与空气隔绝，阻止了煤炭的氧化；泥浆充填了冒落岩块间的缝隙，增加了采空区的密实性，减少了漏风量；泥浆中水分的蒸发，对已经自热的煤炭起到了吸热降温的作用，从而达到降低和消除自燃隐患的目的。

（2）润湿煤体，降低粉尘浓度。通过灌浆预湿煤体，减少生产过程中的产尘量，在防尘设施同样的条件下，灌浆降尘的效果比较明显。

（3）降低作业场所温度，改善劳动环境。大量泥浆灌入采空区后，土和水都可吸收高温或火点的热量，且水在脱流的过程中又可以带走部分热量，这样使煤层温度及采空区的温度均可在固有的埋藏深度内不会再升高。采掘工作场所的空气温度因灌浆作用不再升高，而只随风量的大小发生变化。

（4）形成再生顶板，减少冒顶事故。大量黄泥灌注于顶分层采空区内，黏结了采空区的冒落物，增加了冒落物的整体性，平衡了矿山压力，减少了集中应力，有利于再生顶板的形成，减少了冒顶事故的发生。

此外，预防性灌浆还有消灭火区，解放冻结煤量，提高采出率，减少瓦斯涌出量等作用。

灌浆防火的实质是抑制煤在低温时的氧化速度，延长自然发火期。

二、预防性灌浆对浆材的要求

为保证灌浆效果，制备浆液的浆材应满足下列要求：

（1）不含或少含助燃、可燃物，可燃物的含量不得超过 5%～10%。

（2）浆液颗粒直径不大于 2 mm，而且细小颗粒（粒径小于 1 mm）应占 75%。

（3）具有一定的可溶性、可塑性，含沙量不超过 25%～30%。

（4）主要物理性能指标应满足相对密度 2.4～2.8、塑性指数 9～14、胶体混合物 25%～30%。

（5）易脱水又具有一定的稳定性。

（6）渗透性强。

选取的浆材除满足上述要求外，还要求其来源丰富，运输和加工成本低廉，尽量不占或少占耕地和良田。另外，灌浆用水的酸碱度也应以 pH=6～9 为宜。

我国矿井选用的浆材主要为地表黄土，有的煤矿因地表黄土瘠薄，无土可取，则将页岩、煤矸石破碎后作为灌浆材料；还有的煤矿用选煤厂排出的尾矿废料，或发电厂的飞灰作为灌浆材料。如平煤集团十一矿就用电厂的粉煤灰作为灌浆材料，都收到了较好的效果。

为提高预防性灌浆防火的保障性，又采用吸贮水性好、黏性可调、阻化性好、可溶于水的辅助高分子有机浆液材料，如工业淀粉制成的高水高分子增稠剂和 PCAS 粉煤灰黏稠剂等，灌注后防火效果比较明显。

三、制浆方法

浆材不同，制浆设备、工艺也有所不同，页岩、矸石要先进行机械破碎，1 mm 以下的粒度占 80% 以上才能制浆；飞灰制浆应建立由电厂到灌浆站的专用运输系统和工具，灌浆站建贮灰池。下面着重介绍黄泥制浆设备和工艺过程。

1. 水力取土自然成浆

这种方法适用以山坡表土层或贮土场的积土为浆材。制浆过程：先进行爆破使表土层变松，或利用高压水枪（水枪头由各矿机修厂自制，其压头为 20~30 m，流量为 20~30 m³/h）直接冲刷地表黄土（图 3-8）。黄土随水而流，在流动的过程中混合均匀，形成泥浆，用筛板过滤除去颗粒较大的砂石后，浆液沿泥浆沟流入钻孔或泥浆管中，送入井下。

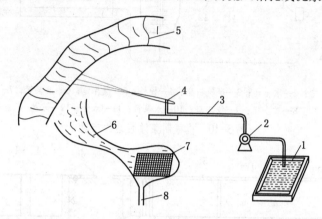

1—水池；2—水泵；3—水管；4—水枪；5—采土工作面；6—泥浆沟；7—筛板；8—钻孔

图 3-8　水枪冲刷表土制浆

这种制浆方法设备简单，投资少，劳动强度低，效率高，适用于地表黄土层较厚、灌浆地点分散的矿井。其缺点是水土比难以控制，不易保证泥浆质量，影响灌浆效果。北方可在冬季对黄土进行覆盖，以防冻结。窑街、大同、淮南、义马等矿区的一些矿井，采用此种方法。

2. 人工或机械取土机械制浆

人工或机械取土机械制浆的工艺流程如图 3-9 所示。

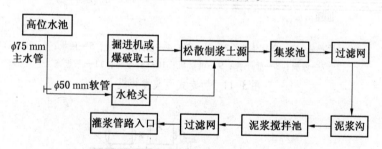

图 3-9　人工或机械取土机械制浆的工艺流程

当矿井灌浆量大，取土较远时，要建立地面集中灌浆站。灌浆站附近建贮土场，贮土量一般为 10 天的灌浆用土量，起缓冲调节作用。用矿车或带式输送机将土运至灌浆站，在泥浆池浸泡 2~3 h，待土质松散后即可搅拌。机械制浆灌浆站的布置如图 3-10 所示。按运动方式搅拌机可分为行走式和固定式两种，如图 3-11 和图 3-12 所示。

两个泥浆池浸泡和搅拌交替进行。浆池的容积一般按 2 h 灌浆量计算。泥浆浓度由供水管的控制阀调节，泥浆搅拌均匀后，由浆池出口通过两层直径分别为 15 mm 和 10 mm 的过滤筛至输浆管，送到井下灌浆地点，在灌浆时应及时清除筛前的渣料。

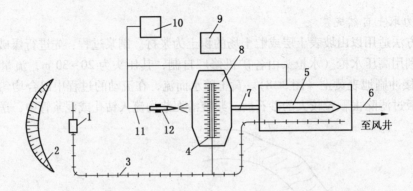

1—V 型矿车；2—取土场；3—窄轨铁路；4—栈桥；5—搅拌池；6—灌浆管；7—泥浆沟；
8—贮土场；9—绞车房；10—水泵房；11—水管；12—水枪

图 3-10　机械制浆灌浆站的布置

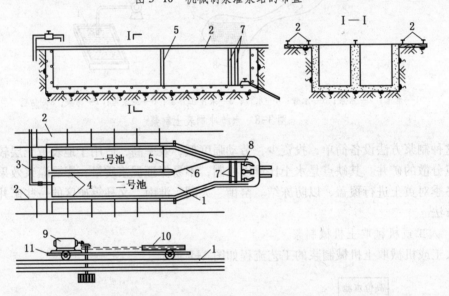

1—泥浆搅拌池；2—窄轨铁路；3—供水管；4—搅拌机轨道；5—闸板；6—道岔；
7—筛板；8—管子筛；9—电动机；10—胶带轮；11—平板车

图 3-11　行走式泥浆搅拌机

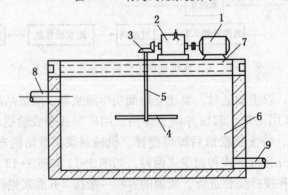

1—电动机；2—减速器；3—齿轮；4—叶轮；5—传动轴；6—泥浆搅拌池；7—机架；8—进浆管；9—出浆管

图 3-12　固定式泥浆搅拌机

集中制浆的优点是系统产浆量大，水土比容易控制，能够保证泥浆的浓度，灌浆防灭火效果好。

四、浆液输送

制备好的一定浓度的泥浆通过专用的输浆管路由地面输送到井下各灌浆地点。输浆管路可以沿风井或副井铺设，也可以从地面打钻，通过钻孔铺设。干线管一般用直径102~108 mm 的无缝钢管，采区支线管采用直径 76~102 mm 的无缝钢管。干线管与支线管之间用三通连接，并设有阀门以控制灌浆顺序和灌浆量。

选择管路铺设时，要考虑输浆线路的长度与压力要求。输送浆液的压力有静压和动压两种：利用浆液自重及浆液在地面入口与井下出口之间高差形成的静压力进行输送，叫静压输送；当静压不能满足要求时应采用泥浆泵进行加压输送，叫动压输送。

灌浆系统的阻力与动力之间的关系用输送倍线表示。输送倍线就是从地面灌浆站至井下灌浆点的管线长度与垂高之比。输送倍线 N 的计算公式如下：

静压输送时

$$N = \frac{L}{H} \tag{3-1}$$

加压输送时

$$N = \frac{L}{H + h} \tag{3-2}$$

式中　L——浆液自地面管路的入口至灌浆区管路的出口管线总长度，m；

　　　H——浆液入出口之间的高差，m；

　　　h——泥浆泵的压力，m。

输送倍线一般控制在 3~8。倍线值过大，管路阻力大，容易堵管，应动压输送；倍线值过小，泥浆出口压力过大，泥浆分布不均匀，灌浆效果差，容易发生裂管跑浆事故，可在适当位置安装闸阀进行增阻。根据经验，一般倍线值在 5~6 为宜。

五、灌浆方法

预防性灌浆的方法很多，按灌浆与回采在时间上的关系，可分为采前预灌、随采随灌和采后封闭灌浆 3 种。

1. 采前预灌

所谓采前预灌就是在工作面尚未回采之前对其上部的采空区进行灌浆。这种灌浆方法适用于开采特厚煤层，及老窑多且极易自燃的煤层。

采前预灌的方法有老窑灌注、开掘灌浆消火道、钻孔等。

井田内老窑自然发火较严重时，要采用采前预灌预先对老窑进行灌浆，如图 3-13 所示。方法如下：在岩石运输巷和回风巷掘出后，分层巷未掘通前，打钻探明老窑的分布情况，要求钻孔经岩石穿透煤层到煤层顶板，终孔间距为 30~50 m，钻孔插入 3~4 m 套管封孔。当工作面的长度超过 90 m 时，应在岩石运输巷和回风巷都布置钻孔，两巷中钻孔的位置要错开，钻孔呈放射状。当钻孔不遇采空区时，应重新打孔，然后将钻孔和灌浆管连接即可灌浆。灌浆过程应连续，灌满一个再灌另一个，把整个工作面的采空区灌满后，经足够的脱水时间（一般 7~15 天）后，方可进行开采。

另外，针对厚煤层分层开采工作面的顶分层采空区、开采层巷道顶板或地质构造带附近破碎的煤体，应进行采前预灌，可以湿润其中的破碎煤体，加速再生顶板的形成，并且，可增加开采层煤炭的外在水分，降低其温度，一定程度上可防止本分层采空区遗煤氧化升温。顶分层采空区或其他采空区灌浆之前，先利用清水实施单孔大流量高压力冲洗憋压致裂后，再改注泥浆或粉煤灰浆，效果明显；尤其是采完时间长，压实度相对较好的采空区，效果很好。

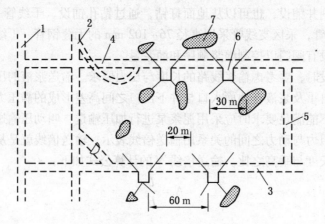

1—输送机上山；2—轨道上山；3—岩石运输巷；4—岩石回风巷；5—边界上山；6—钻窝；7—采空区

图 3-13　采前预灌钻孔布置

2. 随采随灌

随采随灌即在回采的同时向采空区灌浆，用来防止工作面后方采空区遗留煤的自燃，适用于自燃倾向性强的长壁工作面。随采随灌可分为埋管灌浆、插管灌浆、向采空区洒浆和钻孔灌浆等方法。随采随灌的优点是灌浆及时，效果好，故适用于自然发火期短的煤层。但泥浆有可能流窜到工作面而影响生产，在运输巷中常积水，恶化工作环境。

（1）埋管灌浆。如图 3-14 所示，在工作面回风巷道内预先铺好灌浆管路，在工作面放顶前，在回风巷的灌浆支管上接一段 10～15 m 预埋钢管埋入冒落区，预埋管和支管之间用高压胶管连接。

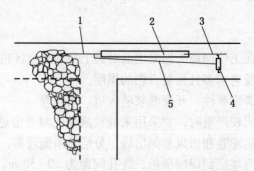

1—预埋钢管；2—高压胶管；3—灌浆支管；4—回柱绞车；5—钢丝绳

图 3-14　埋管灌浆

工作面放顶后始终保持预埋管压在采空区内 5～8 m，灌浆管路可采取临时木垛保护，灌浆完毕后用回柱绞车牵引灌浆管路。

采用埋管注浆方法时，由于浆液被注入采空区后，常常沿固定的通道流动，受扩散性较差的影响扩散范围小，湿润效果较差，并且注入的浆水从工作面下隅角渗出后，恶化生产环境，增大排水量，甚至有时浆水还从工作面中部渗出，严重影响工作面的正常回采。同时，埋入的管路常用上隅角的回柱绞车向外拉移，管路被拉报废的现象十分普遍。因此，该方法在工作面正常回采期间几乎不用，仅在工作面末期回采时才用。一般距终采线30 m时，相距10 m依次压入3趟直径为75 mm或100 mm的管路，其接口处不加胶垫，只用螺丝连接，以保证扩散范围。每趟管路压好，一般待其进入采空区10 m后开始灌浆。工作面停采前，常采用"多轮适量、间隔进行"的方式灌注。停采后，常采取"连续足量、充分灌注"的方式灌注。压浆管随着工作面的推进，不断向外接续，直至回采结束，其埋设方式如图3-15所示。

（2）插管灌浆。注浆主管路沿工作面倾斜铺设，每隔20 m左右预留一个三通接头，并安装分支软管和插管。将插管插入支架后面的垮落岩石内灌浆，插入深度不小于0.5 m，如图3-16所示。工作面每推进两个循环，灌浆一次。例如，义马千秋矿应用回风巷压管灌浆与工作面插管灌浆相结合，收到了较好的效果。兖州兴隆庄矿则利用管路上的三通，配合插管灌浆外接短胶管向采空区洒浆，操作方便。

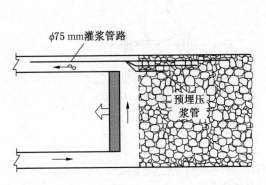

图3-15 采空区埋管灌浆管路埋设示意图

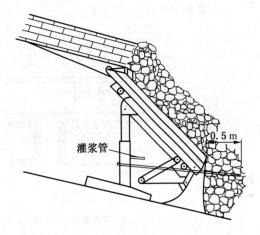

图3-16 插管灌浆

（3）向采空区洒浆。为了保证灌浆质量，自燃发火危险性较大的工作面应在埋管灌浆或插管灌浆的同时还向采空区洒浆。方法是在回柱放顶前，从灌浆管接出一段胶管，沿倾斜方向向采空区均匀洒浆，如图3-17所示。回柱前和回柱后各洒一次，洒浆均匀，效果好。但该方法仅能作为辅助措施。考虑到安全和工作方便，洒浆一般落后于放顶15~20 m。

对走向长壁式、煤层倾角超过10°的采煤工作面而言，由于浆水喷洒后容易沿煤层倾向流向工作面下口而积存，不仅恶化工作面环境，影响运煤设备的正常运行，而且喷洒程序繁多，管路铺设及喷洒过程中极易与生产发生冲突。尤其对综采（放）工作面来说，喷洒范围十分有限，效果不好，所以几乎不用。受上述因素影响，倾向长壁工作面回采期间也极少采用这种方法，仅在工作面即将停采时推进速度缓慢，喷洒后浆水渗入架后采空区，才用该方法。

（4）钻孔灌浆。在开采煤层已有的巷道或专门开掘的底板灌浆巷道中，每隔10~

15 m向采空区打钻灌浆，钻孔直径一般为75 mm，打入采空区5~6 m，如图3-18所示。为了减少钻孔长度和便于操作，可沿灌浆巷道每隔20~30 m开凿一个小巷道（钻窝），再从此巷道向采空区打钻灌浆，如图3-19所示。灌浆应滞后回采工作面15~20 m，以防泥浆流入工作面。

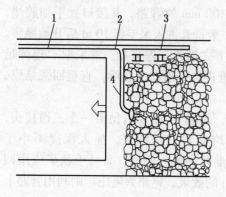

1—灌浆管；2—三通；3—预埋灌浆管；4—胶管

图3-17　向采空区洒浆

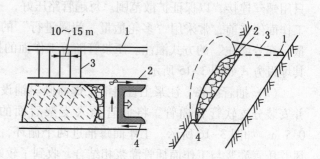

1—底板巷道；2—回风巷；3—钻孔；4—进风巷

图3-18　利用灌浆巷道打钻灌浆

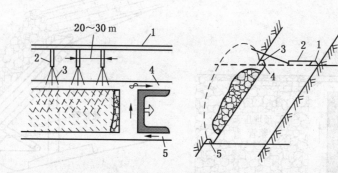

1—底板巷道；2—钻窝；3—钻孔；4—回风巷；5—进风巷

图3-19　由钻窝打钻灌浆

钻孔灌浆因回采期间在工作面内打钻麻烦或无法施打钻孔（综采或综放工作面内），仅仅在工作面上下隅角附近的巷顶呈"偏扇形"向采空区打钻灌浆，钻孔的布置方式如图3-20所示。停采后撤除支架前，除按上述方式在工作面上下隅角布置钻孔灌浆外，综采（放）工作面还利用支架顶梁或后尾梁架缝向采空区打钻灌浆，钻孔的布置方式如图3-21所示。

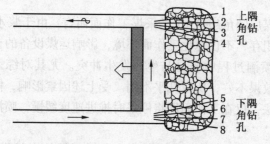

图3-20　采煤工作面上下隅角灌浆钻孔的布置方式

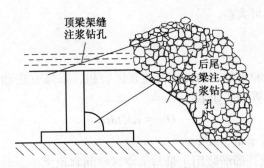

图 3-21 综采（放）支架架缝灌浆钻孔的布置方式

3. 采后封闭灌浆

当煤层的自然发火期较长时，为避免采煤、灌浆工作互相干扰，可在一个区域（工作面、采区、一翼）采完后，封闭上下出口进行灌浆，即为采后灌浆。采后灌浆的目的：一是充填最易发生自燃火灾的终采线空间，二是封闭整个采空区。

采后灌浆由于灌浆时间和空间不受回采工作的限制，常常在工作面上下两端的密闭墙上分别预设 1~2 个 $\phi75$ mm 的灌浆孔，大量向封闭区灌浆，充填终采线附近空间，如图 3-22 所示。

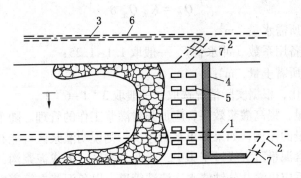

1—岩石集中运输巷；2—联结巷；3—集中回风巷；4—终采工作面；5—木支架；6—灌浆管；7—密闭

图 3-22 采后封闭灌浆

灌入的浆水渗流后可充分湿润封闭区内的浮煤体，并且滤出的黄泥或粉煤灰可胶结、充填密闭周边及其以里一定范围的巷道缝隙和巷道周边的缝隙，可有效防止密闭漏风。尤其是对矿压显现剧烈的矿井，能够较长时间地维持浆材的黏性而达到长期隔绝漏风的目的。

六、浆液配比

对浆液性能的基本要求是浓度适当，渗透能力强。在浆液中，固体浆材与水的比例称为浆液的浓度。用黄土做浆材时也叫土水比。

水土比要适当，水土比越小，泥浆浓度越大，泥浆的黏度、稳定性与致密性也越大，包裹隔离的效果越好；但流散范围小，灌浆管路与钻孔容易堵塞。水土比越大，泥浆浓度越小，耗水量大，矿井涌水量增加，容易出现跑浆溃浆事故。通常根据泥浆输送距离、灌浆方法与灌浆季节来确定水土比，一般水土比为 2∶1~5∶1，开采煤层倾角大，夏季灌浆时水土比要小些,反之可大些。

七、灌浆量

灌浆量是所需土量和水量之和,它由灌浆区容积、采煤方法和地质情况等因素决定。采空区灌浆所需土量计算公式如下:

$$Q_{\pm} = KMLHC \qquad (3-3)$$

式中　$Q_{\pm}$——灌浆所需土量,m^3;

　　　K——灌浆系数,即灌浆用土量与采空区空间容积之比,与冒落岩石的松散系数、泥浆收缩系数、跑浆系数有关,应根据实际确定,一般取 0.03~0.2;

　　　M——煤层开采厚度,m;

　　　L——灌浆区走向长度,m;

　　　H——灌浆区倾斜长度,m;

　　　C——采出率,%。

灌浆用土量也可以根据采灌比计算,根据经验,每采出 1 t 煤的灌浆用土量按 0.16 m^3 计算。

采空区灌浆所需水量计算公式为

$$Q_{水} = K_{水} Q_{\pm} \delta \qquad (3-4)$$

式中　$Q_{水}$——灌浆所需水量,m^3;

　　　$K_{水}$——水量备用系数(冲水管),一般取 1.1~1.25;

　　　$Q_{\pm}$——灌浆所需土量,m^3;

　　　δ——水土比,根据实际情况选取,一般取 3:1~6:1。

为保证灌浆质量,提高灌浆效果,应加强对灌浆工作的管理。随采随灌时应注意观察灌入水量与排出水量的比例,如果排出水量过少,则说明灌浆区可能有泥积存,应停止灌浆;如果排出水里含泥量过大或过于集中,说明采空区已形成泥浆沟,灌浆不均匀,应移动管口位置。灌浆后应再灌几分钟清水,清洗管道,以免泥浆在管道内沉淀。

采用预防性灌浆必须遵守以下规定:①巷道布置、隔离煤柱尺寸、灌浆系统、疏水系统、预筑防水墙的位置以及作业顺序等,必须在采区设计中明确规定,并与采区同时验收移交;②安排生产计划的同时必须安排防火灌浆计划,落实灌浆时间、地点、进度和灌浆量;③对采区内的开采线、终采线、上下煤柱线内的采空区,应加强防火灌浆;④必须制定灌浆疏水措施、防止溃浆措施和透水措施。

在灌浆区如果泥浆水不能及时排出,在采空区内大量积存,当采掘工作面接近此区域时,会使大量泥浆突然涌出,造成跑浆溃浆事故。所以,灌浆时必须遵守《煤矿安全规程》第二百六十六条、第二百六十七条的规定,必须采取安全措施,防止跑浆溃浆事故发生。为此,应采取以下措施:①经常观测水情,采空区灌入水量和排出水量须有详细记录,当排水量小时,应停止灌浆,进行放水;若水中含泥沙大时,说明有泥浆通道,可在泥浆中加适量的沙子或石灰堵塞通道。②设置滤浆密闭,在灌浆区下部,构筑滤浆密闭墙,以便将泥沙阻留在采空区内而使水排出,同时隔开灌浆区与回采区,如图 3-23 所示。滤浆密闭可用秸秆、草帘、笆片等构成,同时用支柱加固。③在煤层浅部用钻孔灌浆时,要及时堵塞钻孔和地表裂缝,防止地表水或空气进入采空区。④在灌浆区下部开始掘进前，必须对灌浆区进行检查，如果有积水，只有在放净积水后，才能继续采掘工作，以防积水突出。

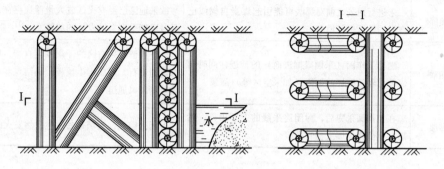

图3-23　滤浆密闭

八、预防性灌浆技术预防煤炭自燃应用实例

某矿区综放工作面采空区应用预防性灌浆，取得了良好的防灭火效果。

1. 灌浆工艺

（1）浆液的制备与输送。浆材选取电厂粉煤灰时，要建立由电厂到灌浆站的专用运输线或运输工具，灌浆站要建立贮灰池；浆材选择黄土时，用水枪冲刷贮土场的黄土制成泥浆，然后经输送沟送往灌浆管路。

制备浆液时应合理地控制水土比或水灰比。水土比的变化范围一般为2∶1~5∶1，它的大小应根据输送倍线大小、煤层倾角大小和季节等因素综合确定。矿区各矿浆液的水土比（水灰比）见表3-1。

（2）灌浆量的确定。预防性灌浆量的确定主要取决于灌浆形式及灌浆区的容积等。采前预灌和采后封闭终采线则以充满灌浆空间为准。随采随灌的用土量 $Q_土$ 按式（3-3）计算。

表3-1　矿区各矿浆液的水土比（水灰比）

矿　　别	输送倍线	浆　液　浓　度	
		水土比	水灰比
一矿	5.5~11.7	2∶1~5∶1	2∶1~3∶1
二矿	8~13	2∶1~4∶1	—
三矿	3~9	2∶1~5∶1	—
四矿	4.7~6.2	2∶1~6∶1	—

灌浆系数 K 一般取 0.014~0.03。

灌浆用水量 $Q_水$ 按式（3-4）计算。

（3）灌浆方法及使用条件见表3-2。

表3-2 灌浆方法及使用条件

灌浆方法	方法描述	方法使用条件
采前预灌	未进行回采之前对那些可能引起煤炭自燃或已自燃的地区进行灌浆	欲采地区已经有火区或大量浮煤存在,进行回采时可能受到自然发火的威胁
随采随灌	随着工作面(采面或掘进面)的推进,同时向煤体已经被破坏的地区(如采空区等)灌浆	防止遗留在采空区的浮煤发生自燃;胶结顶板垮落的岩石,形成再生顶板;固结煤巷松软的煤体及堵漏风通道
采后灌浆	在工作面采完后,封闭终采线的上下出口,然后在上部密闭墙上插管灌浆	封闭采空区,充填最易发生自然发火的终采线

2. 技术评价

该技术是一种传统的防灭火技术,其材料来源广泛,成本低,工艺系统简单,灌浆流量大,可用于井下大面积灌浆防火和密闭内灌浆。但由于浆液流动性大,不易脱水,不能堆积存留,易发生溃浆,不能用于顶部煤体的自燃防治。

第三节 阻化剂防火

采用灌浆预防煤层自燃,在矿区水、土(或其他浆材)资源充裕的条件下,是一种较好的方法。但对缺土少水的地区,灌浆用水无法得到保证,阻化剂防火具有重要意义。

阻化剂是抑制煤氧结合、阻止煤氧化的化学药剂。所谓阻化剂防火就是将阻化剂喷洒于煤壁、采空区或压注入煤体之内,以抑制或延缓煤炭的氧化,达到防止自燃的目的。

一、阻化剂的防火原理

根据煤的自燃原理,煤炭吸收空气中的氧气后,开始在煤结构的活动链环上生成不稳定的初级氧化物。首先是把煤中的氢氧化成羟基(OH),其次是把煤中的碳氧化成羧基(COOH),最后羧基被氧化成 CO_2、CO、H_2O。在这些反应过程中随时产生微热。随着热量的集聚,氧与煤两者的互相作用也就加速,最终导致煤炭自然发火。阻化剂的防火原理如下:

(1)物理作用。向煤体中压注或往浮煤表面喷洒氯化物水溶液的过程中,它能浸入到煤的裂缝中和覆盖在煤的外部表面,把煤炭的外部表面封闭,将煤炭的结构与结构之间的空隙填塞住来隔绝空气。同时,氯化物是一种吸水性很强的物质,它吸收的大量水分覆盖在煤的表面,也减少了煤与氧气接触的机会,延长了煤的自然发火期。

(2)化学作用。一般来说,煤在低温氧化时,变质程度越低,挥发分越高,越易自燃,新生成的氧化物中一氧化碳的量就越大。因此,变质程度低、挥发分高的褐煤最易氧化自燃,烟煤次之,无烟煤一般不易自燃。不同品种的煤结构链环上含有不同数量的化学活性分子团,褐煤的化学活性分子团多于烟煤,烟煤多于无烟煤。由于氯原子与煤结构上的活动链环发生了化学反应,这些链环就变成了较稳定的链环,在外界不加温、不加压的情况下,不容易分解,从而起到了防火作用。

(3)负催化作用。煤炭经阻化剂处理后,属于化学药品的阻化剂吸附在煤炭的表面上，形成一层能抑制煤与氧气接触的保护膜，阻止了煤和氧气结构上的活动链环羧基发生反应，使煤和氧气的亲和能力降低。它有一种主动排斥氧和煤化合的功能，但它本身并不和煤、氧等物质化合。因此可称其为负催化作用，即阻化作用。

一般认为黄泥灌浆是用浆液将残留的碎煤包裹起来，隔绝煤与空气，同时增加采空区的密闭性以减少漏风，是一种明显的物理作用。阻化剂防火则是对浮煤（特别是易自燃的粒度小的浮煤）喷洒氯化钙、氯化镁溶液，不仅覆盖浮煤的表面，隔绝煤与氧的接触，而且能渗透到煤的微孔及裂缝中去，明显增大了覆盖或包裹面积，减少煤与氧的接触机会；另外，浮煤吸收药液后，其活性分子与氧化合的能力也显著降低。试验发现，氯化钙、氯化镁有较强的吸水性，被药液湿润的浮煤不易脱水，有利于浮煤的散热和冷却。综上所述，从防火的原理考虑这种防火措施较黄泥灌浆的可靠性更大。

目前所使用的阻化剂，多数为吸水性很强的无机盐类，如氯化钙、氯化镁、氯化锌等，它们附着在煤的表面时，能够吸收空气中的水分，在煤的表面形成含水的液膜，使煤体表面不与氧气接触，起到阻化的作用。同时，这些吸水性很强的盐类能使煤炭长期保持含水潮湿状态，水分的蒸发可吸收热量降温，使煤体在低温氧化时的温度不能升高，从而抑制了煤的自热和自燃。由此可见，阻化剂防火实际上是进一步扩大和利用了"以水防火"的作用。对于缺水、缺土的矿井，阻化剂防火的意义重大。

二、阻化剂阻化效果认定

阻化效果是评价阻化剂性能优劣的标准。我国目前采用阻化率和阻化寿命作为衡量阻化剂的两个指标。

1. 阻化剂的阻化率

我国对低硫煤（含硫量小于2%的煤），采用煤样在阻化前后放出一氧化碳气体的相对变化量作为评定指标；对高硫煤（含硫量大于2%的煤）采用煤样在阻化前后放出 SO_2 气体的相对变化量作为评定指标。这种指标称为阻化率。测定阻化率时首先取试验的煤样，将其分成均等的4份，每份70 g，粒度为 0.35~0.66 mm。取其中两份用要选用的阻化剂溶液（可调配成不同浓度）进行浸透处理，干燥后装入试管中，将另两份未处理的原煤样装入另外两个试管中，装好后把试管瓶塞塞紧，放入恒温器中，加热到 100 ℃，并保持 5 h，煤便氧化产生一氧化碳或二氧化硫。保持试验条件不变，测定反应试管释放的一氧化碳或二氧化硫气体的浓度，按下式计算阻化率：

$$E = \frac{A - B}{A} \times 100\% \tag{3-5}$$

式中 E——阻化率，%；

   A、B——原煤样和阻化处理后煤样在规定的试验条件下释放的一氧化碳或二氧化硫量。

阻化率越高说明选用的阻化剂阻止煤氧化的能力越强。

应该指出的是，阻化剂的阻化率是在实验室加热的条件下测定的，这种测定条件与现场煤的实际干燥过程和氧化条件是有区别的。但是这些试样的制作和试验过程都是相同的，采用的衡量指标也相同，因此，这种参数作为相对指标具有一定意义。

阻化剂应满足阻化率高，阻化寿命长，防火效果好；产量大，货源足，价格便宜，赋存方便；对人体无害，对机电设备腐蚀性小等。

　2. 阻化剂的阻化寿命

阻化剂喷洒至煤体表面后，从开始生效至失效所经过的时间叫阻化寿命，以 τ 表示，单位为月。单位时间内阻化率下降值叫阻化剂的衰减速度，以 V 表示，单位为%/月。阻化剂的寿命可用下式表示：

$$\tau = E/V \tag{3-6}$$

阻化剂的阻化寿命是一个重要指标。阻化剂对于煤的自燃只能起到抑制和延长发火期的作用，具有一定的时间限制。为了有效地预防自然发火，阻化寿命不应小于自然发火期。阻化寿命可以通过两次或多次喷洒以及保持环境具有较高的湿度等措施来延长。

阻化剂的效果与被喷洒的煤牌号、阻化剂种类及阻化剂溶液的浓度和使用的工艺的合理程度有关。

三、阻化剂的选择及合理浓度

阻化剂的选择原则：阻化率高，防火效果好，来源广泛，运输方便，安全无害，不腐蚀电气设备，防火成本低。

目前常用的阻化剂大致有氯化钙、氯化镁、氯化钠、氯化铝及水玻璃和某些工厂的废液、副产品等，如铝厂的炼镁槽渣、化肥厂的氯化镁和硼酸废液、造纸厂的黑液、酒厂的废液等，既有一定的阻化效果，又可治理环境、变害为利，但其原料不足，对井下有一定的污染。

阻化剂中，以工业氯化钙、卤水阻化效果最好，而且原料充足，储运方便，价格便宜。对于高硫煤的阻化，以水玻璃效果最好，氢氧化钙次之。

阻化剂溶液的浓度是影响阻化效果的重要参数。浓度过大，增加吨煤成本；浓度过小，起不到阻止煤氧化的作用。具体应用中应根据实际情况通过试验选取，最好控制在15% ~ 20%，最低不小于10%。测定溶液浓度的方法有两种，一种为比重法，另一种为重量法，通常采用重量法。

在实际应用中，考虑到阻化剂在采空区中流失过快，造成大量浪费，增加成本，而且阻化效果差，可以在阻化剂溶液中掺入5%左右的黏土，制成"阻化泥浆"，由灌浆系统灌注到井下采空区等处。这种混合液不仅利用了液体较强的渗透能力，增加了流动时的阻力，使之更好地滞留在一定的范围内，而且克服了泥浆只能在散煤表面形成隔氧层的缺点，从而增大了阻化面积，达到有火灭火，无火阻化防火的目的。

阻化剂使用数量应考虑遗煤的破碎程度、遗煤量和采煤方法等因素综合确定，并在防火实践中进行调整。

四、阻化剂的使用方法

　1. 阻化剂防火的管路系统

阻化剂防火的管路系统有永久式、半永久式和移动式3种。

（1）永久式。在地面建立永久性的贮液池，从贮液池铺设一趟管道到采煤工作面上下口，利用静压力（或泵加压力）进行喷洒或压注，如图3-24所示。永久式管路系统适用于井下范围小，采煤工作面距地面较浅的矿井。

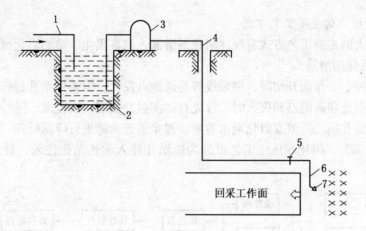

1—地面供水管；2—地面贮液池；3—泵房；4—输液管；5—阀门；6—胶管；7—喷枪

图 3-24 永久式喷洒系统

（2）半永久式。在采区上下山或硐室内设置贮液池和注液泵，从注液泵出口到采煤工作面上下口铺设管道。阻化剂溶液从贮液池经加压泵输送到工作面平巷，经喷洒软管和喷枪喷洒在采空区浮煤上，或经软管、注液钻孔压注于煤体或发热区，如图 3-25 所示。半永久式压注喷洒系统为一个采区或一个区域服务。

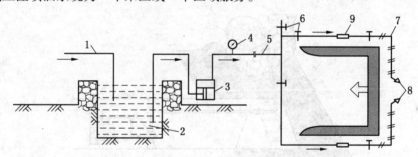

1—供水管；2—贮液池；3—注液泵；4—压力表；5—输液管；6—阀门；7—胶管；8—喷枪；9—流量计

图 3-25 半永久式喷洒系统

（3）移动式。贮液箱和注液泵安装在平板车上，放置在采煤工作面平巷中，距工作面 50 m 左右，经过输液管将阻化剂溶液输送到工作面进行喷洒，如图 3-26 所示。

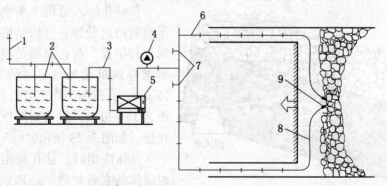

1—供水管路；2—贮液箱；3—吸液管；4—压力表；5—注液泵；6—输液管；7—阀门；8—胶管；9—喷枪

图 3-26 移动式喷洒系统

2. 阻化剂防火的主要工艺方式

阻化剂防火的主要工艺方式有压注阻化剂溶液、汽雾阻化、喷洒阻化剂溶液。

1) 压注阻化剂溶液

为防止煤柱、工作面开切眼、终采线等易燃地点发火，需要打钻孔进行压注阻化剂处理。应用阻化剂处理高温点和灭火时，首先打钻测温并圈定火区范围，然后从火区边缘开始向火源通过钻孔压注低浓度阻化剂水溶液，逐步逼近火源进行降温处理。

（1）压注工艺。阻化剂压注工艺可分为短钻孔注入和长钻孔注入，其流程示意图如图 3-27 所示。

图 3-27　钻孔压注阻化液工艺流程

短钻孔注入适用于处理巷道周围煤柱的自燃点。一般利用煤电钻打孔，孔深 2~3 m，孔距 2~3 m，孔径 42 mm，使用橡胶封孔器封孔，再用压力泵压注，煤壁见液即可，如图 3-28 所示。

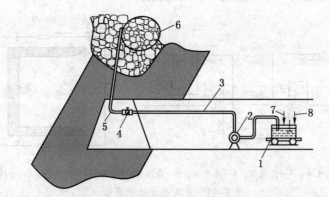

1—贮液箱；2—压力泵；3—输液管；4—调节阀；5—钻孔插管；6—发热区；7—供水；8—阻化剂

图 3-28　短钻孔压注阻化剂

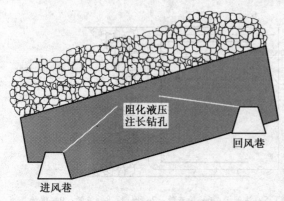

图 3-29　长钻孔压注阻化剂

长钻孔注入适用于采空区和煤层回采前的防火处理。方法是沿煤层向上或向下打钻孔，布孔原则是尽可能使煤体都能得到阻化处理。一般孔径取 50~75 mm，孔深为工作面斜长的 2/3，孔间距为 15~20 m，封孔后用压力泵注入阻化液，如图 3-29 所示。

具体应用时，钻孔间距根据阻化剂对煤体的有效扩散半径确定，钻孔深度应视煤壁压碎深度确定，钻孔的方位、倾角要根据火源和高温点的位置而定。

压注之前首先将固体阻化剂按需要的浓度配制成阻化剂溶液，开动阻化泵，将阻化剂溶液吸入泵体，再由排液管经封孔器压入煤体。

（2）注液量。注液量的大小与注液控制范围煤量成正比，其计算公式如下：

$$T = KDV \tag{3-7}$$

式中　T——日注液量，t；

　　　K——吨煤用液量，t/t；

　　　D——实体煤视密度，t/m³；

　　　V——注液控制煤体体积，m³。

阻化剂的吨煤用液量由遗煤的破碎程度、遗煤量和采煤方法等因素综合确定，并应在防火实践中进行调整。

2）汽雾阻化

汽雾阻化防火是根据采空区充填不实、空隙大、漏风量大，在采空区进风隅角安设喷雾器，利用压力将一定浓度的阻化剂溶液雾化成为阻化剂汽雾，喷雾器喷射出的微小雾粒借助于漏风风流飘流到采空区漏风所到之处，覆盖采空区的浮煤，从而达到采空区防火的目的。

（1）汽雾阻化系统。汽雾阻化系统包括雾化器、雾化泵、贮液箱、过滤器、电器开关以及管路系统。管路系统由高压胶管、球阀及接头组成。雾化器是用于雾化阻化剂的装置，其关键部位是喷嘴。雾化器的选择主要依据雾化率的大小以及日处理煤量等因素。雾化泵的选择参数主要有两个，即流量和压力。流量以雾化器流量和同时工作的雾化器个数为依据，压力以雾化器达到最佳雾化效果为准则。一般雾化泵的流量应达到 2.0 m³/h以上。

图 3-30 所示为某矿汽雾阻化系统预防综采工作面采空区煤炭自燃的示意图。阻化剂溶液的容器（矿车）置于进风巷内，用 YHB-2 型泵沿高压软管将阻化剂溶液输送到雾化喷嘴，输液泵上装有压力计便于控制输送压力。装在工作面与运输巷交接处的雾化喷嘴，在高压（3 MPa）作下喷出阻化汽雾，溶液的 85% 被分散为直径 30 μm 的雾粒，并由风流带向采空区内。为了防止雾化喷嘴堵塞，在供液管路中装有自动过滤器。

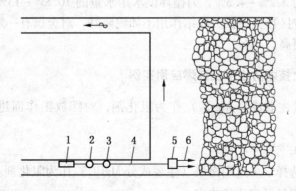

1—贮液箱；2—输液泵；3—过滤器；4—输液管；5—分流器；6—雾化喷嘴

图 3-30　汽雾阻化系统

向采空区喷送雾状阻化剂之前，应进行采区内的阻力测定，确定其漏风量和漏风方向。为了减少喷射阻化剂对采空区空气动力状态的影响，雾化喷嘴引射的风量不应大于自然漏风量。

（2）喷雾量。喷雾量的大小与采空区丢煤量成正比，其计算公式如下：

$$T = KADLHS/R \tag{3-8}$$

式中　T——喷雾量，t/d；

　　　R——雾化率，%；

　　　K——吨煤用液量，t/t；

　　　D——实体煤视密度，t/m³；

　　　L——工作面长度，m；

　　　H——工作面采高，m；

　　　S——日进尺，m/d；

　　　A——丢煤率，%。

3）喷洒阻化剂溶液

利用喷雾装置将阻化剂溶液直接喷洒在煤的表面。这种方法简单、灵活性强，适用于巷道、煤柱壁面、浮煤及采煤工作面采空区。常用 3D-5/40 型往复泵将阻化剂溶液沿 5 cm 直径铁管和 2.5 cm 直径胶管送往喷洒地点。

工作面一次喷洒阻化剂溶液量可按下式计算：

$$T = K_1 K_2 ALHS \tag{3-9}$$

式中　T——采煤工作面一次喷洒阻化剂溶液量，t；

　　　K_1——易自燃部位阻化剂溶液喷洒加量系数，一般取 1.2；

　　　K_2——采空区遗煤视密度（按采空区遗煤煤样实测），t/m³；

　　　L——工作面长度，m；

　　　H——遗煤厚度，m；

　　　S——一次喷洒宽度，m；

　　　A——吨煤用液量（在采空区采取煤样，试验确定），t/t。

阻化剂防火具有系统简单、投资少、施工工艺简单、用水量少（用水量仅为黄泥灌浆直流供水用水量的 3.2% ~ 4.3%，为循环供水用水量的 10.8% ~ 13%）和用土量少等优点。其缺点是对采空区再生顶板的胶结作用不如泥浆好，对金属有一定的腐蚀作用，其阻化寿命有待进一步提高。

五、阻化剂防火技术防止煤炭自燃应用实例

某矿区用卤块（主要成分 $MgCl_2$）作为阻化剂，对综放工作面进行汽雾阻化，效果较好。

1. 材料配方及工艺

（1）阻化剂的选择。多选用卤块（主要成分 $MgCl_2$）作为阻化剂。

（2）阻化剂使用量及配比的确定。

阻化剂配比：$MgCl_2$ 溶液的浓度为 15% ~ 20%。

阻化剂用量：$MgCl_2$ 溶液的浓度为 15% 时，吨煤吸液量为 42 ~ 48 kg；$MgCl_2$ 溶液的浓度为 20% 时，吨煤吸液量为 52 ~ 55 kg。

（3）阻化剂防火工艺。阻化剂防火主要采用压注阻化和汽雾阻化两种。

压注阻化主要用于工作面始采线、终采线及进回风巷等处。压注阻化防火系统主要由加压泵、贮液箱、输液管、封孔器等组成。

汽雾阻化是利用汽雾发生器将适当浓度（15%～20%）的阻化剂溶液转化成可悬浮在空气中的微小颗粒状雾滴，借助漏风将雾滴带入采空区进行防火。

汽雾阻化防火系统由加压泵、贮液池、过滤器、高压胶管和汽雾发生器组成。

工作面汽雾发生器一般需布置 5 台，上下隅角各一台，其余 3 台沿工作面均匀布置。每台汽雾发生器均用直径为 13 mm 的球阀控制喷雾量，泵站设在回风巷移动变电站前方，与移动变电站结为一体，并随工作面推移。

合理的喷雾量既要有利于防火需要，又要考虑成本因素，喷雾量大小由下式确定：

$$V = K_1 K_2 A \gamma LHS/R \tag{3-10}$$

式中　V——喷雾量，m^3/d；

$\quad$ K_1——易燃区域喷雾量加量系数；

$\quad$ K_2——吨煤用液量，m^3/t；

$\quad$ A——阻化剂浓度，%；

$\quad$ γ——实体煤密度，t/m^3；

$\quad$ L——工作面长度，m；

$\quad$ H——煤层开采厚度，m；

$\quad$ S——日推进速度，m/d；

$\quad$ R——雾化率，%。

2. 技术评价

阻化防火技术主要用于预防工作面始采线、终采线、采空区及相邻采空区浮煤的自然发火。

阻化剂材料来源广泛，成本低，压注或喷雾工艺简单，易操作；阻化剂具有较强的自身亲水性能，喷洒或注入煤体后，能保持长时间的湿润。但阻化剂在煤体中易流失，水分蒸发后即失去防火性能，不能用于高位煤体自燃的防治。

第四节　凝胶防灭火

常用的阻化剂氯化钙、氯化镁等都是一些吸水性很强的盐类，当它们的水溶液附着在易被氧化的煤表面时，会在煤的表面形成一层含水液膜，惰化了煤体表面活性结构，阻止了煤和氧的接触，起到了阻止煤氧复合的作用。同时，这些阻化液吸水能使煤体长期处于潮湿状态，由于水的吸热降温作用，使煤体在低温氧化时温度不能升高，从而抑制了煤的自热和自燃。一般的阻化剂通常都有一定的防火效果，但当温度升高使阻化剂吸收的水分蒸发，其阻化作用会消失。失去水分的阻化剂对煤氧复合反而有催化作用，促使煤氧复合速度加快，使煤自燃更容易。

煤层自燃火灾的防治，既需要具有能很快地降低煤温、很好地隔绝煤与氧接触、惰化煤体表面的物质条件，又需要在防灭火过程中应用安全可靠的防灭火技术。20 世纪 90 年代初期，随着特厚煤层综采放顶煤开采技术的发展，常规的注水、灌浆、注阻化剂等防灭火技术均不能完全适应综放开采技术煤层火灾的防治要求。为此，根据煤体自燃原理，针对煤层火灾的特点，提出了"凝胶"防灭火的思路，并进行了大量试验和应用研究，开发和研制出了适用于矿井不同条件的系列凝胶灭火材料和相应注胶设备及应用工艺，成为煤矿一项主要的防灭火技术。该技术在现场实际灭火过程中取得了很好的灭火效果。

凝胶防灭火技术集堵漏、降温、阻化、固结水等性能于一体，较好地解决了灌浆、注水的水泄漏流失问题，适用于各种类型的矿井自燃火灾。

煤层自燃凝胶防灭火技术主要由凝胶材料、注胶灭火设备、注胶灭火工艺和现场灭火应用4部分构成。

《煤矿安全规程》第二百六十九条规定，采用凝胶防灭火时，编制的设计中应当明确规定凝胶的配方、促凝时间和压注量等参数。压注的凝胶必须充填满全部空间，其外表面应予喷浆封闭，并定期观测，发现老化、干裂时重新压注。

一、凝胶材料的选择及防灭火机理

1. 凝胶材料的选择

矿井灭火用凝胶材料必须具备以下特点：①无毒无害，对井下设备无腐蚀，对环境无污染；②渗透性好，能进入松散煤体内部；③具有良好的耐高温性，在高温下不会迅速汽化，且吸热降温性能好；④有一定的堵漏性和阻化性，阻止煤再次氧化复燃；⑤成本低廉，成胶工艺简单，便于现场应用，符合煤矿井下煤层自燃火灾防治要求。根据上述要求，在众多凝胶材料中选择适合煤层防灭火的凝胶材料。

矿井防灭火凝胶材料包括凝胶、稠化凝胶和复合凝胶3类。

（1）凝胶类。它包括由化学反应制备的凝胶（如硅酸盐凝胶）和由凝胶基料及促凝剂与泥浆、粉煤灰浆等制成的复合凝胶两种类型。这类凝胶灭火材料在成胶前是溶液或悬浮液，成胶后有一定强度，不能流动，具有一定几何形状。

硅酸凝胶是最早被用于矿井防灭火的凝胶材料之一，目前已在矿井防灭火中得到广泛应用。硅酸凝胶促凝剂有无氨促凝剂和氨类促凝剂两大类，当采用铝酸盐作促凝剂时，则形成硅-铝凝胶。

矿井防灭火常用的凝胶是以水玻璃为基料，以碳酸氢氨为促凝剂。两种材料的水溶液混合后，经化学反应形成凝胶。

反应刚开始时生成的单分子硅酸可溶于水，所以生成的硅酸并不立即沉淀。随着单分子硅酸生成量的增多，逐渐聚合成多硅酸，形成硅酸溶胶。若硅酸浓度较大或向溶液中加入电解质时，溶液丧失流动性，成胶冻状凝胶。

选用碳酸氢氨作为促凝剂，有用量少、成本低、产品来源广泛、成胶浓度范围宽、成胶时间易控制、成胶稳定、效果较好的优点。但是碳酸氢氨在较低温度下也易分解，成胶过程中产生对环境有污染的氨气，因而常在温度不太高的矿井使用。当矿井温度较高时，宜选用无氨促凝剂。

（2）稠化凝胶类。灌浆是常用的矿井防灭火技术之一，一般情况下浆液浓度越大，则防灭火效果越好。但是浆液浓度过大，流动性差，容易堵塞管路，并且由于制浆时需要大量粉煤灰或黄土，粉煤灰或黄土有一定运输成本，故浆液浓度越大则成本越高。向黄土、细沙和矿粉、泥沙、粉煤灰等浆液中加入少量某些材料（基料），使浆液黏稠度增加，即形成黏稠的稠化凝胶。稠化凝胶中固体物浓度虽不高，但表观黏度高、混合更加均匀，而且其分散性较好，流动中不易沉降，管道流动阻力不大，不会堵塞管路，注胶效果比相同浓度的泥浆更好。

（3）复合凝胶类。这类凝胶材料是向泥沙、粉煤灰或黏土等的浆液中加入一定量的成胶材料（基料或基料与促凝剂的混合物），如高分子添加剂或吸水材料等，经过一系列的物理化学作用制备而成的复合凝胶。如在泥浆中加入一定量的硅酸凝胶基料，再按比例加入一定量的促凝剂可形成硅凝胶的复合胶体；或在泥浆中添加西安科技大学开发的FHJ16高分子添加剂形成复合凝胶。

凝胶、稠化凝胶和复合凝胶都具有优良的防灭火性能，但在矿井防灭火中又有各自独特的性质，因而在火灾处理过程中需要根据不同矿井条件和发火特点，选择不同类型的防灭火凝胶。

2. 凝胶防灭火原理

根据煤氧复合学说，充足的氧气供应是煤体自热、自燃的重要外部因素。凝胶技术能够适应煤层自燃火灾的特点，实现快速灭火，其防灭火原理如下：

（1）凝胶覆盖在煤体表面以减少煤的暴露面。凝胶材料是一种特殊的材料，既不同于固体，也不同于液体，凝胶材料进入松散的发热、发火煤体后，可充填在裂隙和空隙中包裹煤体，原本连成片的大量发热煤体被分割成小块，其表面被凝胶覆盖。由于煤氧复合是从煤体表面开始的，而凝胶附着在煤体表面减少了煤氧接触面积，使氧气与煤接触概率降低，从而降低了煤的氧化放热速度。

（2）堵塞漏风通道，降低氧气浓度。煤自燃一般都发生在一定深度的松散煤体内部，仅当有氧气存在的情况下煤氧复合才会发生。凝胶能够充填到向煤体内漏风的通道中，使松散煤体内漏风量减少、氧气浓度降低，煤的氧化放热量大幅度降低。

化学反应形成的凝胶，成胶前基料和促凝剂都是水溶性材料，将其水溶液用泵压注到松散煤体中，在泵压和自重作用下液体渗透流动，经过一定时间，混合液发生化学反应，流动速度减慢，直至发生胶凝作用而停止流动。基料溶液成胶前为液态，能渗入煤体裂隙和微小孔隙中，成胶后堵塞了这些裂隙和孔隙，使氧分子无法渗透到煤体内部。吸水性黏土矿物和吸水树脂的凝胶为塑性体，在管道和钻孔中能够流动，但进入松散煤体后流速减慢，最终停止流动，并能堵塞漏风通道，此外这种材料能够附着在煤表面隔绝煤氧接触。线性高分子材料的凝胶具有触变性，在管道中流动阻力小，但进入松散煤体后流动速度减慢，流动阻力增加，最后滞留在煤体中，以堵塞漏风通道，阻止煤氧接触。由于复合凝胶和稠化凝胶中含有大量粉煤灰或黄土等充填材料，强度更大，能够滞留在煤层裂隙中，甚至能够充填巷道冒空带，因此充填堵漏效果更好。

（3）吸热降温，降低煤的氧化活性。由于凝胶材料主要组成是水，水占凝胶总重量的90%以上，水的比热容又很大，水温升高能够吸收大量热能，从而使环境温度降低。在较高温度下，凝胶中的水分汽化也能吸收大量热能。根据理论计算，基料浓度为6%时，$1 m^3$凝胶汽化吸热量为4×10^4 kJ以上。对于硅酸凝胶，如果以铵盐为促凝剂，铵盐在溶解过程中能吸收大量热量，也可使水温降低，提高了凝胶吸热效果。

煤体着火时，通常大范围的煤体都在不停地氧化放热，当注入的凝胶充填了煤体周围的裂隙时，发热煤体被包裹并分割成小块，因为凝胶与煤的接触面积较大，使局部与凝胶接触的区域煤温大幅降低，其氧化放热强度减小，整个火区煤体氧化放热速度低于散热速度，使高温煤体温度整体下降，最终火区全部熄灭。

二、凝胶防灭火效果及影响因素

1. 凝胶防灭火的效果

凝胶防灭火技术在煤层自燃火灾防治的应用实践证明，凝胶防灭火技术具有如下特点：

（1）灭火速度快。由于凝胶独特的灭火性能，其灭火速度很快，通常巷道小范围的火仅需几小时即可扑灭，工作面后方大范围的火也只需几天即可扑灭。

（2）安全性好。凝胶在松散煤体内胶凝固化、堵塞漏风通道，故有害气体消失快；在高温下，凝胶不会产生大量水蒸气，不存在水煤气爆炸和水蒸气伤人危险。

（3）火区启封时间短。注胶灭火工程实施完，不需等待（《煤矿安全规程》规定各项指标达到启封条件后还需观察稳定一个月才能启封），即可启封火区。

（4）火区复燃性低。高温区内只要有凝胶带渗透到的地点都不会复燃。

2. 影响凝胶防灭火效果的因素

由于选用的凝胶材料不同，防灭火的效果也会不同。影响凝胶防灭火效果的因素如下：

（1）固水性。凝胶都有固水性，能够使一定量的水固定在凝胶网状结构骨架中失去流动性。但是，不同的凝胶固水能力不同，例如硅酸凝胶可以把90%以上的水固定在网状结构中而失去流动性；FHJ16复合凝胶添加剂浓度为0.1%时即呈现出凝胶性质，向浓泥浆中加入0.05%的FHJ16复合凝胶添加剂即可形成不能流动的凝胶。凝胶的主要成分是水，大量水被固定在凝胶网络之间而失去了流动性，从而充分发挥水灭火的优点，克服水流动性强、不能扑灭巷道及工作面顶部等高处火的不足。

（2）吸热降温性。成胶过程中伴随着吸热效应，自热或燃烧的煤炭接触凝胶后，凝胶中水汽化时，吸收大量的热，降低煤体温度。

（3）密封堵漏性。凝胶是处于液体与固体之间的一种材料，成胶前，流动性好，能渗入煤层的缝隙中，成胶后具有类似固体流动困难的特点，所以它具有密封堵漏，隔绝氧气的特性。

（4）热稳定性。凝胶材料中含有大量的水，在常温下脱水很慢，不变质，可长期保留在煤层中；在高温下网状结构不易被破坏，水分蒸发缓慢，凝胶内部温度不会升到很高，不会急剧失水，从而起到防止煤层自然发火或火区复燃的作用，其热稳定性比水都好。凝胶的热稳定性随胶体中网状骨架材料的不同差别很大。一般情况下，通过化学反应制备的凝胶热稳定性最好，吸水性黏土次之，高分子凝胶材料较差。

（5）阻化性。促凝剂和基料本身都是阻化剂，两者反应生成的材料也是阻化剂，故凝胶灭火材料具有通用阻化剂的性能。60 ℃时凝胶材料阻化率达到50%以上，80 ℃时阻化率均达到70%以上，随着温度升高，凝胶阻化率增大，粉煤灰复合凝胶阻化率增加尤其明显。

（6）成胶可控性。成胶过程是一个从初凝到终凝的渐变过程，成胶时间就是达到终凝所用时间，即从基料和促凝剂的水溶液混合开始到胶凝结束为止的时间。

成胶时间可以控制。矿井灭火一般选择成胶时间在几十秒至 10 min 的成胶原料。根据不同的使用条件，要求凝胶有不同的成胶时间。用于封闭堵漏和扑灭高温火源的凝胶，成胶时间应控制在混合液体喷出注胶口 30 s 内；用于阻化浮煤自燃的凝胶，成胶时间应以混合液体喷出注胶口 5~10 min 为宜。成胶时间对凝胶灭火工艺影响很大，有时需要根据凝胶材料的成胶时间选择注胶灭火工艺，有时则需要根据工艺要求来选择成胶材料或控制成胶时间。

三、凝胶防灭火工艺

凝胶防灭火材料只有与适合的灭火工艺及配套设备相配合，才能最大限度地发挥凝胶灭火的优良性能。因此，针对不同凝胶材料，对煤层自燃火灾凝胶灭火工艺进行了大量的实践和研究，根据矿井具体条件和不同的火区情况，开发研制出移动式和管网式两大类注胶工艺和相应的注胶设备，并在现场使用过程中进行了改进和发展，取得了良好的效果。

1. 移动式注胶工艺

移动式注胶工艺是针对井下煤体局部高温区域的治理而开发的。该工艺利用可移动的凝胶压注系统，把基料、胶凝剂、增强剂和水按比例混合均匀后，通过注胶管路和钻孔将混合溶液输送到需要处理的区域。混合液在松散煤体的裂隙或孔隙内发生胶凝作用，堵塞漏风通道，并吸收煤体内聚积的热量，使煤温降低，最终达到灭火作用。该工艺使用方便灵活，对于局部火区、高温区可进行快速有效的处理。但移动式注胶工艺注胶流量较小，难以实现大面积高温火区快速灭火，因而有一定的局限性。

（1）双箱单泵压注系统。双箱单泵压注系统如图 3-31 所示，分别把基料和水在 A 料箱中按一定比例混合均匀，胶凝剂和水在 B 料箱中按一定比例混合均匀。使用时打开 A 箱和 B 箱的阀门，依靠泵的吸力，A、B 两箱内的溶液在管道中混合并发生反应后，经泵加压注入可能自燃的区域或火区。A、B 两箱溶液的流量可通过阀门调节控制。进入煤层后，经过一定时间的渗流发生胶凝，堵塞煤体裂隙。箱内溶液用完后，向 A、B 箱内注入清水，冲洗泵和管路，以防凝胶堵塞泵体和管路。

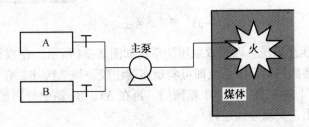

图 3-31 双箱单泵压注系统

双箱单泵压注系统设备简单，可自制，投资少，移动方便；但现场应用中，混合液配比和流量难以控制，注胶流量小，影响凝胶的性能和成胶速度，进而影响凝胶的灭火效果。若清洗不及时，凝胶会堵塞泵体和输送管路，工人劳动强度较大。

（2）双箱双泵压注系统。双箱双泵压注系统如图 3-32 所示，分别把基料和水在 A 料箱中按一定比例混合均匀，胶凝剂和水在 B 料箱中按一定比例混合均匀。使用时打开 A 箱和 B 箱的阀门，同时启动两台同型号泵，使基料溶液和胶凝剂溶液在混合器中混合均匀后，沿输送管路输送到用胶地点。

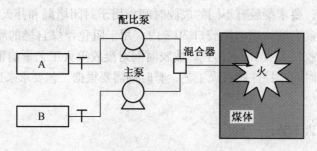

图 3-32　双箱双泵压注系统

双箱双泵压注系统和双箱单泵压注系统相比，成胶质量稳定，注胶流量较大。但是箱内材料浓度仍由人工配制，配比难以掌握，而且工人劳动强度较大；进入泵体的原料液体流量与泵的性能有关，要求两台泵的运行参数完全相同，否则配比不稳定；在现场条件下，由于溶液的不均匀和泵体实际参数或故障等，可能会影响材料（基料和胶凝剂）的配比，从而影响成胶质量和注胶灭火效果。

（3）四箱单泵压注系统。四箱单泵压注系统如图 3-33 所示，在双箱单泵系统的基础上，增加两个料箱即可实现连续注胶。当打开 A1 箱和 B1 箱阀门注胶时，关闭 A2 箱和 B2 箱阀门，并在 A2 箱和 B2 箱内配料；当 A1、B1 箱中配料用完后，关闭 A1、B1 箱阀门，同时打开 A2、B2 箱阀门，以保证该系统连续运行。系统停止注胶后，清洗水泵和输送管路。

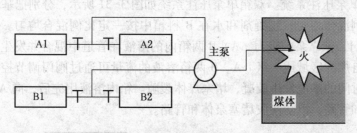

图 3-33　四箱单泵压注系统

（4）四箱双泵压注系统。四箱双泵压注系统如图 3-34 所示，在双箱双泵系统的基础上，增加两个料箱形成四箱双泵系统即可实现连续注胶。当 A1、B1 箱中配料用完后，打开 A2、B2 箱阀门，同时关闭 A1、B1 箱阀门，再在 A1、B1 箱中分别加入基料和胶凝剂，并与水制成溶液待用，实现连续运转。

（5）定量配比注胶系统。单泵或双泵系统都有一个明显的缺陷，需要在井下人工配料。为了减少人为因素，使操作更加方便，采用定量配比泵与主泵相配合的注胶系统，能实现成胶材料的定量配比，无须人工配料，但材料配比固定，不能根据实际所需进行灵活调整。

定量配比注胶系统如图 3-35 所示。把液态的基料和促凝剂分别装入 A、B 料箱中，启动主泵和配比泵，注胶完毕后，先关闭配比泵，待主泵冲洗完管路后，再将其关闭。

（6）全自动定量配比注胶系统。全自动定量配比注胶系统如图 3-36 所示，该系统使用方便灵活，凝胶原料溶液的配比可通过设备进行调节（控制凝胶强度和成胶时间）。使用该系统注胶，劳动强度低，工作效率高，已在大型矿井广泛应用。

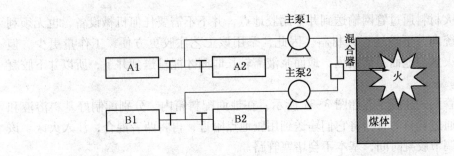

图 3-34 四箱双泵压注系统

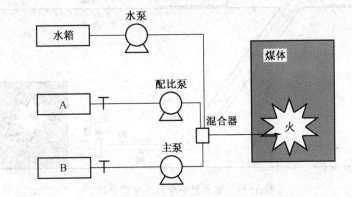

图 3-35 定量配比注胶系统

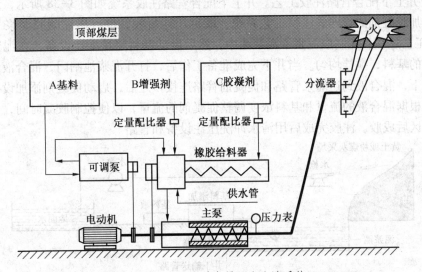

图 3-36 全自动定量配比注胶系统

2. 管网式注胶工艺

当火区范围较大时，需要大量的灭火材料，运输问题难以解决，移动式注胶设备流量小，处理火区时间相对较长，灭火成本也大。采用管网式注胶工艺即可解决上述问题。该工艺可利用煤矿现有的地面灌浆系统、注砂防灭火系统及防尘洒水管路系统，大流量地压注凝胶灭火材料。

（1）地面配料管网式注胶工艺。地面配料管网式注胶工艺在地面准备凝胶的主要原料，将主要灭火材料通过管网输送到井下用胶地点，井下不需要任何机械设备，也无须利用矿井运输系统向井下输运灭火材料。因此，采用该工艺注胶更方便，工作量更少。但是，由于井下火区与地面距离极远，地面浆液需较长时间才能输送到井下，所以井下胶凝效果难以控制。

地面配料管网式注胶工艺如图 3-37 所示，在地面配料箱内，分别配制好基料溶液和胶凝剂溶液，通过各自的管路将它们输送到用胶地点附近，再将两者混合，注入火区。该系统可在井下调节胶凝时间，基本不会堵塞管路。

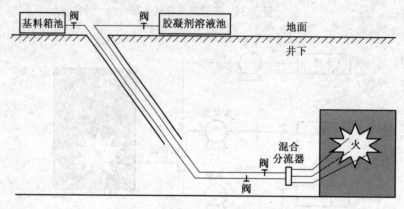

图 3-37　地面配料管网式注胶系统

（2）井上下配合管路注胶工艺。井上下配合管路注胶系统如图 3-38 所示，地面加基料、井下加胶凝剂的管网式注胶工艺系统，既可压注凝胶，也可压注凝胶泥浆（复合凝胶）。其工艺过程：先制取泥浆于泥浆池中，然后启动基料定量配比设备，在泥浆池中加入一定量的基料，搅拌均匀。当井下完成准备工作后，打开泥浆池闸门，混合液从灌浆管路流入井下，混合液到达灌浆管路和促凝剂管路连接口之后，启动促凝剂添加设备，加入促凝剂，根据混合液的流量和基料浓度调整促凝剂的流量，以便控制胶凝时间，使凝胶泥浆注入火区后成胶。注胶完成后用清水冲洗压注设备和管路。

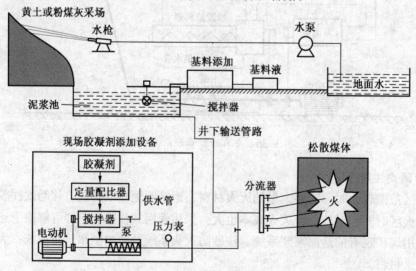

图 3-38　井上下配合管路注胶工艺

如果压注纯凝胶，其工艺过程与凝胶泥浆压注工艺不同之处是不制取泥浆，只利用地面泥浆池来配制基料液。如果压注稠化凝胶，其工艺过程与凝胶泥浆压注工艺不同之处是在地面泥浆池中加入一定量具有增稠和分散作用的稠化凝胶添加剂，井下不用胶凝剂添加设备。

四、凝胶防灭火工艺过程中应注意的问题

凝胶防灭火技术已在我国煤矿得到广泛应用，但在实践中也暴露出诸多问题：

（1）采用含氨促凝剂时，在成胶过程中或较高温度下会释放出氨气，污染井下空气，危害工人健康，常采取加大风量进行稀释，但风量加大后，极易造成巷道顶帮及其附近破碎煤体漏入风量的增大，反而不利于安全防火。若采用无氨促凝剂时，防火成本将大幅升高，不利于该技术的推广。

（2）耐压强度较低，一旦被破坏就不能恢复，在压注完成后，遇矿压会压裂，影响堵漏风效果。

（3）配比不好掌握，工人劳动强度大。

（4）受井下空间和压注泵流量限制，影响灭火效果。

（5）凝胶成本一般都在 60 元/m^3 以上，高于黄泥灌浆、水砂充填等的成本，不适合大面积充填防灭火使用。

五、凝胶防灭火技术应用实例

某矿区利用基料、促凝剂的胶凝作用，以黄土（或粉煤灰）作增强剂，以增加凝胶强度，提高耐温性能和延长有效期。凝胶中的硅胶起骨架作用，黄土（粉煤灰）起填充作用，把易流动的水固定在硅胶内部，堵塞煤体孔隙，阻止煤炭氧化放热，固定大部分水分，降低煤体温度，从而达到灭火的目的。

1. 材料配比

地面制浆池制浆水土比为 4∶1~5∶1，基料添加量为 90~100 kg/m^3，搅拌均匀。井下促凝剂添加量视所需的成胶时间而定，即成胶时间为 7~8 min 时，促凝剂添加量为 20 kg/m^3；成胶时间为 3~4 min 时，促凝剂添加量为 30 kg/m^3；成胶时间为 25 s 时，促凝剂添加量为 50 kg/m^3。

2. 注胶工艺

注胶工艺系统主要是利用煤矿现有的地面灌浆、注砂防灭火及防尘洒水管路系统，从地面浆池中配好基料、增强剂和水，在井下着火点附近用注胶泵把促凝剂按比例定量添加到管路中，压注到火源。该系统井下材料运输量很少（只需要运送促凝剂），注胶流量大，总流量通常为 30~100 m^3/h，其灭火工艺如图 3-38 所示。工艺过程：首先在地面灌浆系统的配浆池中将基料和泥浆按比例配制好，在一切工作准备完成后，打开闸门，放出混合液，混合液沿灌浆管路来到用浆地点，促凝剂的添加通过多功能压注设备来完成。将多功能压注设备连接在灌浆管路中，当地面配好的混合液到达之后，启动该设备，根据混合液下浆速度、配比及距火区的距离，调整促凝剂压注量，从而调整好成胶时间，以达到预期目的。完成注胶后用清水冲洗压注设备。

3. 凝胶泥浆灭火实例

1) 发火时间及地点

1996 年 5 月 26 日,某矿 14308 西回风巷发生火灾。14308 工作面布置如图 3-39 所示。

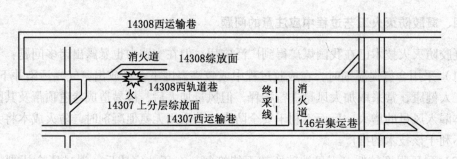

图 3-39　14308 工作面布置

2) 火区概况

14308 西回风巷火区位于该矿北翼 14 采区 14308 综放面西部。该综放面走向长 1200 m,南邻 14307 上分层综放采空区(下分层还未开采),北侧为实体煤。主采 3 号层 煤,煤厚 9.2 m,采高 2.8 m,放煤高度为 6.4 m。14308 西回风巷与 14307 上分层综放面 回风巷垂直重叠布置,煤层 $3_上$、$3_下$ 之间夹矸相隔。

14307 上分层综放面 1994 年 7 月开采,当推进 70~80 m 时,采空区出现自然发火征 兆,上隅角一氧化碳浓度达 0.1% 以上,回风流中一氧化碳浓度超过 0.01%。利用底板岩 石集中巷向上打钻孔往采空区回风侧灌浆,并加快推进速度甩掉高温点。1995 年 6 月采 完后封闭,实行闭内均压防灭火。14308 西回风巷于 1996 年 2 月开始由东向西掘进,掘 进期间巷道多处冒顶,与顶部 14307 综放面采空区冒透连通。1996 年 5 月 26 日巷道掘出 1050 m,距 14307 采空区开切眼约 30 m 处时,发现顶部采空区浮煤中有干馏过的焦炭存 在,2 天后该处顶煤自燃。采用往顶煤插管注水灭火,但火势发展较快,前后约 20 m 范 围内水管一插即往下掉红火炭,并形成冒空区。至 5 月 30 日未能将火源扑灭,1050 m 巷 道被迫全部封闭,采用注氮灭火。

1996 年 10 月 28 日该巷道火区采用锁风法逐段启封,并对启封的部分迅速喷浆堵漏, 对未启封巷道采用注氮防灭火技术,惰化火区。注氮期间闭内氧气浓度为 6%~9%,停止 注氮后闭内氧气浓度为 12%~15%。到 1997 年 1 月 4 日,巷道启封 910 m,闭内还剩有 140 m。由于某些原因停止注氮 3 天。此时板闭缝隙中冒出大量浓烟,一氧化碳浓度超过 0.2%,火区仍在燃烧,高温火点并没有窒息消失。因此决定在灭火道内打钻向火源点压 注凝胶泥浆直接灭火。

3) 火区特点

(1) 巷道顶部火点是 1994 年 14307 综放工作面回采期间的旧火点。

(2) 该火区在治理过程中,从 1996 年 5 月 26 日到 28 日仅间隔 40 h 就出现明火,复 燃速度很快。

(3) 14307 综放工作面是该矿第一个综放试验工作面,距开切眼 70~80 m 内顶煤采 出率低,且巷道和两个端头支架不放顶煤,故该火点处有松散煤体 4 m 多厚,12 m 宽,遗煤量很大。

（4）该火点经过近两年的时间氧化蓄积了大量热量。

（5）该矿采用无煤柱开采，采空区连成一片，杜绝向火区供氧很难。火区位置高，巷道顶部煤体破碎、冒落空洞多，且没有喷浆。若采用注水、灌浆淹火区，水只能流入巷道或采空区，很难淹没火区。若注水、灌浆量大，容易把顶煤冲落到巷道，造成冒顶，且大量泥浆泄入巷道，使巷道恢复困难。由于火区温度高、热容大，注氮、注惰泡只能抑制火区发展，很难使煤体温度下降。

（6）14308综放工作面是该矿的主采工作面，全矿产量的一大半要靠这个工作面完成。同时生产接续要求该工作面要在1997年2月底投产，时间紧，任务重。为此该火区必须在工作面投产前彻底灭火，且要能保证该工作面回采期间不复燃。

4）灭火过程

根据14308火区范围及火势，预计注胶量在1000 m³以上。若采用井下小型注胶系统，占用人员多，材料运输困难，注胶速度很慢。因此，采用地面配浆池和灌浆管路进行大流量连续压注工艺。配有基料的浆液通过灌浆管路送到注胶地点，用泵把固体促凝剂按比例输送到泥浆管内，利用管内高速流动的液体溶解促凝剂并混合均匀，通过分流器注入钻孔。

考虑到14308西回风巷火区顶部是大量浮煤堆积的采空区，巷道没有喷浆。用水灭火时，顶煤易冒落形成空洞，用凝胶泥浆灭火一旦泄漏，易把顶煤冲垮形成冒顶，使火区启封工作量增加。故决定采用多钻孔、低流量注胶，成胶速度控制在1 min以内，灭火钻孔带位置是从灭火道向巷道顶部打仰角3°或水平的钻孔，孔深8 m，距巷道顶部4.8～5.2 m。1997年1月11日开始注胶，经过3天注入450 m³凝胶泥浆后，进入火区侦察，初步判断火已基本熄灭，但火区中心仍有高温阴燃点，通风2 h见明火。巷道中除一个高冒区有泄漏的胶体泥浆外其余各点均未见漏浆。随后将临时锁风板闭推进40 m，在灭火道打钻寻找火源继续注凝胶泥浆约400 m³。1月16日第二次启封侦察火区，发现火区仍有明火，钻孔没有打到火源上，巷道基本没有漏胶。再次将临时锁风板闭向前推进50 m，继续利用钻孔注胶灭火。

由于第二次侦察没有发现漏胶，消除了泄漏顾虑，决定打俯角3°、深8 m的钻孔，如图3-40所示。在打钻过程中，钻孔泄出的一氧化碳浓度高达0.2%，但没有见烟，温度也不高。经过3天注胶约500 m³，于1月20日第三次启封侦察火区，并计划强行喷浆通过高温区。火区启封后，密闭内温度为42～44 ℃，火源点附近温度为80～90 ℃，通风

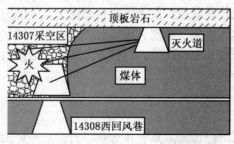
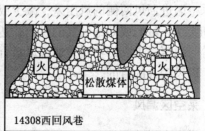

图3-40　注胶钻孔布置

1.5 h 后见明火。对火源点喷浆,火势立即增大,燃烧的煤炭伴着砂浆大量落入巷道,形成新的高冒区。冒落的红炭用水一浇,巷道温度剧增,蒸汽弥漫,烟流及一氧化碳增大,被迫退至原板闭处封闭,并用砂浆喷涂表面。

经过第三次火区启封,认识到原配方凝胶泥浆遇高温后渗透性较差,钻孔在火源顶部 4.0~4.5 m 处都没能渗透到紧靠巷道顶部的火源上,而在火源顶部形成了一层凝胶泥浆层,灭火效果不好。经过对钻孔位置分析,决定打 12°的俯孔,孔深 10 m。孔口距巷道 1.7 m 左右,并放慢成胶速度。这一次打钻过程中有两个钻孔直接打入火区,钻孔中有黑烟冒出,冒出的气体温度达 80~90 ℃,一氧化碳浓度超过 0.2%。之后经过连续 6 天注胶,注入近 900 m³ 凝胶泥浆,钻孔一氧化碳浓度下降到 0.002%以下。随后又打了几个探孔,一氧化碳浓度都在 0.001%左右,钻孔出气温度正常。板闭内一氧化碳浓度在 0.001%~0.002%,出水温度为 38 ℃。上述迹象表明,凝胶泥浆已注到高温区内,明火已熄灭。1 月 26 日火区启封,救护队进入侦察,明火已熄灭,巷道顶部高温点温度仍为 52 ℃,巷道空气温度为 40~42 ℃,淋水温度为 40 ℃,一氧化碳浓度只有 0.0002%~ 0.0004%。为此决定拆除板闭,恢复通风,并对高冒顶区用石棉瓦及方木加固,然后迅速喷浆。同时利用灭火道的钻孔继续注胶降温。1 月 31 日 14308 火区启封成功,巷道全部进行喷浆处理,几天后火区的火彻底熄灭。

第五节 均压防灭火

均压防灭火技术即设法降低采空区区域两侧风压差,从而减少向采空区漏风供氧,达到抑制和窒熄煤炭自燃的方法。实践证明,均压防灭火技术与其他防灭火措施(阻化剂、灌浆、惰性气体、密闭等)相比具有以下特点:可以在不影响工作面生产的前提下实施及采用;均压通风加强了密闭区的气密性,减少了采空区的漏风,从而加速了密闭区(或采空区)空气惰化;工程量小、投资少、见效快。

20 世纪 60 年代,均压技术作为防灭火的一项重要手段在我国运用后,不断得到创新发展。它不仅用于防止已采区遗煤自燃、加速封闭火区内火源熄灭、抑制回采工作面采空区内浮煤自燃隐患的发展,而且用于正确选择通风系统和通风构筑物的位置,指导调风灭火等。20 世纪 90 年代以来,均压技术不仅应用于防灭火范围,而且成功应用于控制瓦斯的涌出和处理积存瓦斯。

均压防灭火的原理:在建立科学合理的通风网络的基础上和保持矿井主要通风机运转工况合理的条件下,通过对井下风流有意识地进行调整,改变相关巷道的风压分布,均衡火区或采空区进回风两侧的风压差,减少或杜绝漏风,使火区或自燃隐患点处的空气不产生流动和交换,减弱或断绝氧气的供给,达到惰化、窒熄火区或自燃隐患点,抑制煤炭自然发火等。均压防灭火的实质是通过风量合理分配与调节,达到降压减风、堵风防漏、管风防火、以风治火的目的。

一、采空区漏风

根据煤炭自燃的条件可知,连续供氧是引起煤炭不断氧化发热、自燃的主要因素,自燃主要发生在采空区、煤柱和煤壁裂隙处,漏风就是向这些地点不断供氧,促进煤的氧化自热。对于采空区煤炭自燃与漏风的关系，曾经有许多人作过研究。研究结果表明：空气流过采空区后，虽然促进了浮煤的氧化，但只有当漏风风速适中才能使浮煤由自热向自燃方向转化。风速过高或过低都会使氧化热量不易积聚或供氧不足而窒熄。

在采区内，漏风通道不是固定不变的，漏风带的分布与漏风风源、漏风汇合点的数目和位置有关。以单一煤层长壁工作面全部垮落采煤法采煤为例，采空区漏风可分为3个带：散热带、自燃带、窒息带，如图3-41所示。

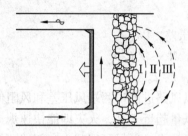

I—散热带；II—自燃带；III—窒息带

图3-41　后退式回采工作面U型通风采空区漏风示意图

（1）散热带，又叫冷却带、中性带、不燃带。在这个区域内虽然有堆积的浮煤，但是由于靠近采煤工作面的开采空间，顶板放顶时间不久，冒落的岩石处于松散堆积状态，空隙多且大，漏风强度大，无聚热条件，再加上采空区浮煤与空气接触时间短，所以一般不会发生自燃。

散热带的宽度为从工作面中心起到采空区内约1~5 m，气体成分几乎与矿井空气相近似。

（2）自燃带，又叫氧化带。由散热带向采空区内部方向延伸25~60 m的空间，因为顶板冒落岩石逐渐压实，风阻增大，漏风强度减弱，浮煤氧化产生的热量易于积聚，再加上浮煤与空气接触时间较长，有发生自燃的可能。

氧化带内最明显的变化是一氧化碳浓度逐渐增长而氧气浓度降低。自燃带的宽度取决于采煤工作面的风压、冒落岩石的压实程度。

（3）窒息带。由自燃带向采空区方向延伸的空间，顶板冒落岩石已经逐渐压实，漏风基本消失，氧气浓度进一步降低，甚至达到失燃临界值（5%~8%），浮煤氧化停止，即使在自燃带范围内浮煤已经发生自燃，进入窒息带后也会由于缺氧而熄灭。

"三带"的宽度不仅与工作面上下端的风压差和漏风量成正比，而且与工作面的长度及采空区冒落程度有关。采空区漏风与工作面通风形成并联通风系统，工作面风量的大小直接影响着采空区内"三带"的宽度。由于只有处于氧化带内的煤体才有可能出现自然发火，工作面风量越大，氧化带越宽，当氧化带宽度大于工作面推进宽度时，氧化带内煤体氧化条件好、时间充分、产生的热量多、蓄热环境好，煤体被氧化的时间就有可能超过自然发火期而出现自燃现象。因此，对于开采容易自燃或自燃煤层的工作面，要在保证工作面瓦斯、温度等符合《煤矿安全规程》规定的前提下，尽可能采取低风量安全通风，以减小氧化带宽度，防止采空区发火。

二、密闭火区漏风

采煤工作面推进到终采线或矿井火灾发展到不能直接扑灭时，应迅速隔绝，即迅速在通往火区的巷道中砌筑密闭墙，切断向火区供风。即便在砌筑密闭墙时采取措施减少漏风，但是"没有不透风的墙"，漏风通道的存在是不可避免的。对于已经封闭的火区或已经封闭的采空区内煤炭自燃，往往会因为漏风量较大，火灾长时间不能熄灭，影响安全生产。漏风量由下式计算：

$$Q_漏 = \sqrt[n]{\frac{\Delta h}{R_漏}} \tag{3-11}$$

式中　$Q_漏$——漏风量，m^3/s；

　　　Δh——漏风通道两端压差，Pa；

　　　$R_漏$——漏风通道风阻，$N \cdot s^2/m^8$；

　　　n——漏风流态指数，1~2。

漏风量的大小取决于漏风风路进出口两端风压差和风阻值。当风压差趋近于零或漏风风阻值趋近于无穷大时，漏风量趋近于零，火灾即能快速熄灭。因为要求密闭墙绝对不漏风是不可能的，只有利用调压技术，以尽可能减少密闭墙两侧的总压差，从而最大限度地减少漏风。调压时，没必要使压差一定等于零，只要使漏风通道两端压差降低到某一能够防止煤炭自燃的防火安全值即可，据有关文献记载，其值为 9.8~19.6 Pa。

三、风压调节

均压防灭火技术大体可分为开区均压和闭区均压两大类。开区均压就是在采煤工作面建立均压系统，以减少采空区漏风，抑制遗煤自燃，防止一氧化碳等有毒有害气体超限聚集或者向工作区涌出。闭区均压就是在已经密闭的区域采取均压措施，防止或抑制煤炭自燃或已燃火灾。这里主要介绍几种常用的均压方法。

1. 调节风门均压法

图 3-42 所示为后退式 U 型通风回采工作面调节风门均压法。在工作面回风巷 3~4 安设调节风门后，由于风阻的增加，减少了工作面的风量。在其他条件不变的情况下，根据通风阻力定律，工作面两端的压差降低，则采空区并联漏风的风量必然减少，氧化带宽度减小。这对于抑制采空区因扩散漏风所造成的煤炭自燃是有利的，往往已经发展起来的自燃，也会因此而熄灭；对来自采空区后方的外部漏入风流（其漏风风流分支相当于角联风网中的对角分支）所造成的遗煤自燃也有一定的抑制作用。但是，必须注意，调压风门的面积不能无限制地减小。因为风门面积减小时，一方面，会使工作面有效风量减小，不利于安全生产；另一方面，过分减小风门面积会使采空区漏风风流方向发生变化，这是非常危险的。

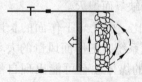

图 3-42　调节风门均压法

应该指出，风门调压法的原理是增阻减风，改变有关风路的压力分布以达到调压目的，适用于支路风量有富余且允许减少的情况。工作面的风量减少是有限的，它必须满足《煤矿安全规程》规定的最低风速，还应考虑工作面的防尘、防瓦斯、降温等要求。

2. 调节风门与局部通风机联合均压法

当工作面采空区与相邻采区或相邻区段相沟通而存在漏风时，易发生自然发火，此时可采取调节风门与局部通风机联合均压法防灭火，如图 3-43 所示，其均压方法有升压法和降压法。当外部向内部漏风时，采用升压法调节；当内部向外部漏风时，采用降压法调节。当采空区自燃没有发生时,可采用降压法调节;当采空区自燃已经发生,有一氧化碳生成时可采用升压法调节。

升压法调节如图 3-43a 所示,在工作面进风巷安装局部通风机,在回风巷安装调节风门,向工作面压入式供风,可升高工作面压力,不仅可消除或减小来自工作面采空区后部的漏风,同时可增加工作面的风量。降压法调节如图 3-43b 所示,与升压法相反,在工作面进风巷安装调节风门,在回风巷安装局部通风机,局部通风机抽出式供风,降低工作面压力,消除或减小自工作面采空区向外部的漏风,由于通风机在回风巷中,安全系数相对较低,实际防灭火中应慎重选择。

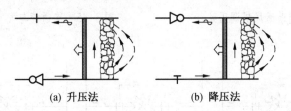

(a) 升压法　　　　　　　　　　(b) 降压法

图 3-43　调节风门与局部通风机联合均压法

使用这种调压方法,通过调整通风机风量和调节风门的面积,来实现调节工作面有效风量和漏风量的目的。调节时要注意以下事项:

(1) 确定漏风方向,根据漏风方向确定调节方法。

(2) 通风机和调节风门必须布置在漏风导线以外。

(3) 通风机和调节风门应布置在靠近漏风起点或终点的地方。

(4) 通风机风量应大于或等于区域有效风量和漏风量之和。

3. 辅助通风机调压法

辅助通风机调压法原理如图 3-44 所示,是以辅助通风机为减阻设施的减阻调压法。在漏风入口和出口之间安设辅助通风机后,通风机入风侧(漏风入口)压力降低,出风侧(漏风出口)压力升高,即使漏风通道进回风口 A、B 间的压差减小,漏风量减小。

辅助通风机调压法技术性很强,辅助通风机要选择适当,风量、风压不能太大,否则漏风反向,通风机吸循环风,且辅助通风机的安装使用必须符合《煤矿安全规程》的有关规定。

4. 连通管与气室调压法

连通管与气室调压法原理如图 3-45 所示,其实质是短路风筒与防火墙联合调压,气室起增阻作用,连通管可起传递压力和减阻作用,在其联合作用下,减小漏风通道两端的压差,达到控制漏风的目的。

气室分单体气室和联合气室,气室可布置在进风侧,也可布置在回风侧,也可两侧都布置,如图 3-46 所示。连通管可使用直径 $\phi300\sim500$ mm 的铁管。

图 3-46a 所示为气室布置在回风侧,连通管压力高于气室压力,但不能使漏风通道压差为零。图 3-46b 所示为气室布置在进风侧,连通管压力低于气室压力,也不能使漏风通道压差为零。图 3-46c 所示为双侧布置气室,连通管为漏风通道的短路风路,对火区的漏风起分流作用,可使漏风通道角联化,有可能使漏风通道压差为零。因此,双侧气室防火效果最好,且连通管越短越好。

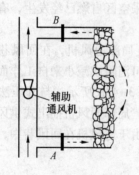

图 3-44　辅助通风机调压法

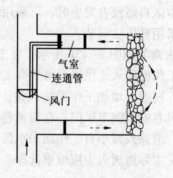

图 3-45　连通管与气室调压法原理

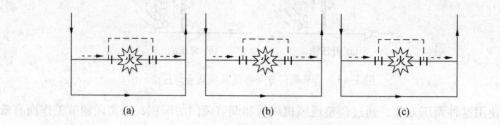

图 3-46　连通管与气室的布置

连通管为漏风通道的并联风路，管径越大对火区的漏风的分流作用越好。因此，可适当加大连通管的管径，以提高调节的效果。也可测算出漏风通道的压差和漏风量，据此计算出管道的风阻值，然后选取管径。

5. 通风机与气室调压法

通风机与气室调压法即在火区进风侧或回风侧构筑调压气室，在气室墙上直接或间接安装通风机，利用通风机升压（或降压）降低漏风通道压差，达到控制漏风自燃的目的。其中气室设在漏风入口处时降压，设在漏风出口处时升压，如图 3-47 所示。

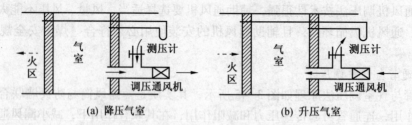

图 3-47　通风机与气室调压法

在火区与气室间设测压装置，通过通风机漏风口（或设在气室墙上的调节风窗）调节气室压力，使火区与气室间压差为零或接近零为好。

采用该措施防灭火时应注意以下事项：

（1）要尽可能使火区与气室间压差为零，否则起不到调节作用甚至改变漏风方向。

（2）通风机要有足够的能力，不允许通风机在小风量下运转。

（3）通风机要符合防爆要求，以防止火区爆炸性气体通过引起爆炸。

（4）当通风机在回风流中时，通风机的安装会受到限制，此时可将通风机安装在新风中，利用连通管使通风机与气室联合调节。

图3-48所示为某高瓦斯矿采煤工作面采用通风机与气室调压法防灭火示意图，因外因火灾引起工作面着火。为防止瓦斯爆炸，构筑了1号、2号、3号防火墙，经一定时间后火仍未熄灭。为缩封火区，决定建4号、5号防火墙，利用通风机B由气室抽风，并利用风窗A调节风量，并建风门C以提高回风侧风压，使火很快熄灭。

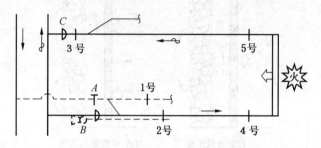

图3-48 通风机与气室调压法实例

6. 通风机与风筒调压法

通风机与风筒调压法布置形式多样，通风机既可抽出式工作，又可压入式工作，其调压原理如图3-49所示。当巷道中的风量通过风筒导过漏风通道时，漏风通道进回风端压差降低，漏风量减小，达到熄灭火区的目的。

图3-50所示为某矿采煤工作面采用通风机与风筒调压法防灭火示意图，在停产整顿期间为防止工作面自然发火，在工作面进、回风巷间掘巷道AB以保持通风，在工作面进回风巷构筑密闭C、D。由于密闭漏风，引起工作面煤炭自燃，采用通风机与风筒调压法后，火区很快熄灭。

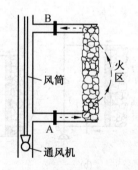

图3-49 通风机与风筒调压法

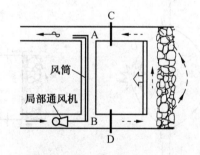

图3-50 通风机与风筒调压法实例

采用通风机与风筒调压法时，风筒要越过漏风地段，通风机能力要足够，以达到平衡漏风风压的目的。但通风机能力又不能过大，否则会使漏风反向。

7. 改变风路调压法

该方法的实质是通过改变风路或通风设施的位置来改变风路结构，降低漏风通道压差，达到预防漏风的目的。改变风路可分为改变全矿井的风路和局部风路。改变全矿井的风路要结合矿井通风系统改造进行，改变局部风路要结合巷道布置和通风构筑物的位置进行。常用的措施有工作面分流法、开并联（短路）巷道法、漏风端点同侧化和漏风通道角联化等。

工作面 U 型通风系统改为 W 型通风系统时，在工作面风量不变的情况下，上下工作面风量为原来的 1/2，压力降低，漏风量也相应减少，如图 3-51 所示。同时，上下工作面构成并联风路，工作面总风阻、总阻力降低，与其并联的漏风风路的漏风量也减少，氧化带宽度缩小，有利于抑制采空区浮煤的氧化自燃。

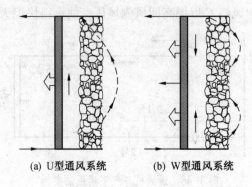

(a) U 型通风系统　　　(b) W 型通风系统

图 3-51　工作面分流调节法

图 3-52 所示为开并联（短路）巷道调节法原理图，即开掘与火区并联或角联的巷道，使通过火区的风量分流，以降低火区漏风通道两端的压差。在不减少供风的条件下，减少通过火区的漏风量，且短路巷道越短、两端点压差越小效果越好。

当漏风通道始末端分别处于进回风巷时，两端点压差较大，漏风也大。若通过调整通风构筑物的位置，使两端点同处于进风巷或回风巷，则压差很小，漏风也小。图 3-53 所示为漏风端点同侧化调压法，将风门（风窗）由 A 处移至 B 处，就达到了减少漏风的目的。

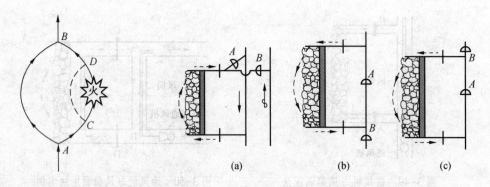

图 3-52　开并联(短路)巷道调节法　　　图 3-53　漏风端点同侧化调压法

角联风路调压法如图 3-54 所示。角联风路有不稳定性，具有实现均压的条件，通过调整其边缘巷道，可实现对角风路风量为零。方法是通过调整风路，使非角联风路的漏风通道成为角联风路，通过调节使角联风路的压差为零。

8. 主要通风机调压法

在单回风矿井中，漏风量与通风机风量调压前后符合比例定律。通过调节矿井主要通风机的总风量和总风压，来调节作用区的漏风量。图 3-55 所示为主要通风机调压法原理，设矿井通风风路风阻为 R_2，漏风通道风阻为 R_1，二者为并联风路，总风阻为 R_1+R_2。当风压曲线降低时，矿井总风量减少 ΔQ，则风路 R_2、R_1 风量分别相应减少 ΔQ_2 和 ΔQ_1。

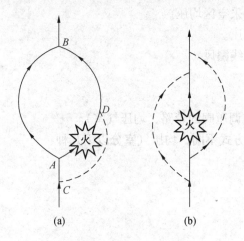

图 3-54　角联风路调压法

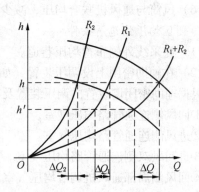

图 3-55　主要通风机调压法原理

该调压法适用于大范围漏风且矿井风量有富余的情况，但矿井调压后，仍需要有富余的有效风量。例如，义马千秋矿将矿井主要通风机双级叶片改为单级叶片，风压由 1117 Pa 降低为 843 Pa，总风量减少 448 m³/min，调压后当年只发火 3 次，效果十分明显。

值得注意的是，有相当一部分矿井的通风阻力超过 3000 Pa，不符合安全标准的要求，尤其是一些自然发火严重的矿井，有的达到 5000 Pa，给自然发火的预防带来困难。

四、均压防灭火时应注意的事项

均压防灭火技术是一项技术性强、效果好、成本低的防灭火技术，但同时也是一项实施起来难度最大的技术。均压防灭火技术效果好坏的关键在于如何使受控区（采空区或火区）的进回风两端之间的风压差等于零或趋近于零，从而达到消除因受控区漏风引起的自然发火，或使已封闭火区的火尽快熄灭的目的。

由于煤矿井下条件复杂，受采掘活动、矿压的影响，除巷道断面、通风阻力发生变化外，还会引起风量的再分配和压能的变化。而压能的变化，恰恰是直接影响受控区压差变化最直接的因素，如不能及时发现这些变化情况并及时采取措施进行处理，不但会导致均压防灭火的失败，甚至会使本来就不稳定的受控区更加不稳定，反而引发重大火灾事故。因此，在实施均压防灭火的整个过程中，必须安排专人进行定期观察，及时分析受控区漏风量的大小，漏风流的流动方向、空气温度和防火墙内外的压差变化动态等。

五、均压防灭火技术应用实例

某矿区把均压防灭火技术应用于综放工作面，取得了非常好的效果。

根据使用的条件不同，作用原理不一，均压防灭火技术大体分为开区均压、闭区均压两大类。

1. 开区均压的适用条件

（1）针对小并联漏风系统采取调节风门均压技术。

（2）改变工作面通风系统实行均压。

（3）利用联络巷和风门位置变化实现对工作面后部采空区的均压。

（4）合理选择巷道风流性质实现对相邻采空区均压。

（5）相邻工作面采掘同时作业时进行调压。

（6）风筒与通风机联合均压，减少终采线漏风。

2. 闭区均压的适用条件

（1）终采线外侧布置均压巷道。

（2）在辅助密闭上设调压装置（如带有调压阀的管路、均压气室）。

根据辅助密闭墙设置的调压装置及布置方式不同，均压气室分以下几种：

①回风侧连通管路均压气室。

②进风侧连通管路均压气室。

③进回风双侧连通管路均压气室。

④回风侧局部通风机调节均压气室。

⑤进风侧局部通风机调节均压气室。

⑥进回风侧局部通风机调节均压气室。

3. 均压技术的实施

（1）根据生产布局及周围采空区的关系，确定需要均压的区域或范围。

（2）对需进行均压区域内的所有巷道进行通风阻力测定，绘制出各巷道的压能图，掌握均压区域及其周围相关巷道的通风压力和风量分布状况，选择好调压的参考点，确定均压区域控制目标。

（3）全面了解均压区域及相关巷道内的通风设施（风门、调节风门、局部通风机等）。均压区域内的风门要闭锁，实现遥讯。若采用局部通风机均压，必须保证均压通风机持续稳定地运转，并有当均压通风机突然停止运转时保证人员安全撤出的措施。

（4）根据均压区域具体情况（主要是巷道系统及其压力分布状况），选择合理、有效、可靠的均压方案，报有关部门批准后实施。

（5）将参考点风压值调至目标值，与此同时，需派人监测低风压区巷道内的气体变化，当风压平衡稳定后，各处风压值及有害气体浓度都满足要求，且至少观测 8 h，方可结束调压。

4. 均压通风的有效做法

（1）终采线外侧布置均压巷道。终采线外侧布置均压巷道实现对终采线均压，如图 3-56 所示的通风系统，均压巷道 A、B 使终采线两端的风压差降低，从而减少了终采线漏风。此外还可利用均压巷道向终采线打钻孔灌浆，不仅施工方便，而且灌浆效果好。

（2）利用联络巷和风门位置变化实现对工作面后部采空区均压。如图 3-57 所示的联络巷均压系统，在工作面生产过程中，随着工作面推进，用于连接岩石集中巷与工作面进回风巷的联络斜巷将逐个被遗留在采空区，按正常生产管理，这些联络巷应予以封闭。但是由于两侧联络巷和采空区连通，其间存在风压差，漏风不可避免，漏风风流长期流经联络巷，容易在联络巷与煤层的接触面附近引起自燃。为了消除联络巷漏风，可利用已有的巷道系统，采取均压措施。

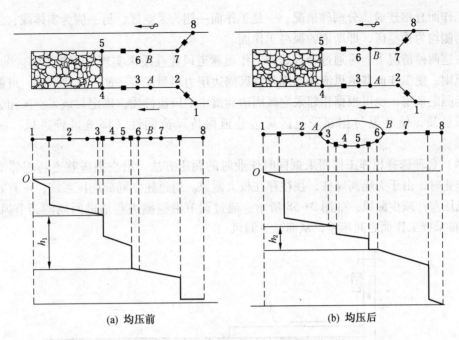

(a) 均压前   (b) 均压后

图 3-56 终采线通风网络及压力坡度

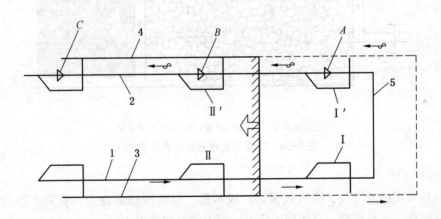

1—岩石集中运输巷；2—岩石集中回风巷；3—进风巷；4—回风巷；5—底板岩石集中上山

I、I′、II、II′—联络巷

图 3-57 联络巷均压系统

具体做法是当工作面推过 I、I′联络巷后，封闭 I、I′联络巷，同时将安设在 A 处的风门移到 B 处；当工作面继续推进，II、II′联络巷又被遗留在采空区后部，同样将安设在 B 处的风门移到 C 处，以此类推。

虽然只是风门位置作了变动，但两联络巷的风压状况完全不一样了。风门设在 A 处时，联络巷 I′处于回风侧，故联络巷 I 处风压大于联络巷 I′处的风压；当风门由 A 处移到 B 处以后，I、I′两联络巷均处于进风侧，故基本上处于同一压力状态，从而减少了两联络巷之间的风压差。

（3）合理选择巷道风流性质，实现对相邻采空区均压。无煤柱开采时，采空区将与生产工作面直接连通。分两种情况：一是工作面一侧为采空区，另一侧为实体煤；二是工作面两侧均为采空区，即所谓的孤岛工作面。

在这两种情况下，可通过合理选择工作面巷道风流性质来实现对相邻采空区的均压。总的原则：使工作面巷道风流和周围采空区周边压力尽量保持平衡。具体做法：可根据实际压能测定来定，也可根据相邻采空区周边巷道中的风流性质，确定与该采空区相邻的巷道风流性质，使巷道与相邻采空区周边巷道保持风流同性（即进风皆进风，回风皆回风）。

（4）合理选择相邻工作面采掘同时作业时的调压方法。沿空掘进巷道与相邻工作面同时作业时，由于无隔离煤柱，往往存在较大漏风。通过建立局部均压系统，可有效地控制漏风压差，减少漏风，如图 3-58 所示。通过调节沿空掘进巷道进回风侧调节风门 A、B，调整采掘工作面之间压差，从而减少漏风。

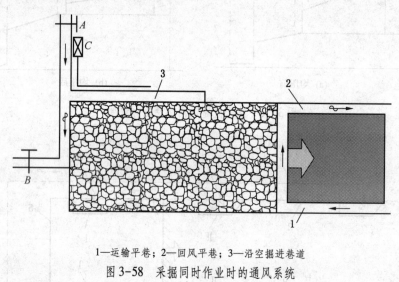

1—运输平巷；2—回风平巷；3—沿空掘进巷道

图 3-58　采掘同时作业时的通风系统

5. 技术评价

均压技术实施速度快，防火效果好，成本低。但均压稳定性差，需要严格管理和调节，操作烦琐，不易控制，只能用于防火，而不能有效地灭火。

第六节　氮气防灭火

氮气是一种无毒的不可燃气体，在标准状态下，密度为 1.25 kg/m³，相对密度为 0.96；无腐蚀性，化学性质稳定，-195.8 ℃可液化成液态氮。液氮与氮气相比，具有体积小（0 ℃时两者体积比为 1/647）、运输量小等优点。

氮气既可以迅速有效地扑灭明火，又可以防止采空区遗煤自燃。使用注氮灭火的火区具有恢复工作量小、不损坏设备等优点，因此，注氮防灭火技术引起了国内外煤矿工作者的重视。20 世纪 80 年代起，我国开始了氮气防灭火技术的研究和试验。1983 年，在天府矿务局试验成功了罐装液氮入井灭火技术。1989 年，在抚顺矿务局龙凤矿进行了井上固定制氮输入井下防火技术，成功防止了煤层最短自然发火期仅 18 天的综放工作面自然发火。近年来，随着综放开采技术的推广普及，注氮防灭火技术也随之发展，尤其是沿空留巷大综放工作面开采时，本分层及周边邻近采空区浮煤自然发火防治多采用注氮防灭火技术，其效果较明显。

一、氮气防灭火的原理

根据氮的状态，注氮防灭火可分为气氮防灭火和液氮防灭火。气氮防灭火是利用地面或井下制氮设备制取氮气，通过管道进行防灭火。液氮防灭火一是直接向采空区或火区中注入液氮防灭火；二是先将液氮汽化后，再利用气氮防灭火。由于液氮输送不如气氮方便，目前，现场多用气氮防灭火。氮气防灭火的原理如下：

（1）采空区内注入大量高浓度的氮气后，可置换出空气，氧气浓度必然降低，氮气部分地替代氧气进入到煤体裂隙表面，煤体表面对氧气的吸附量降低，在很大程度上抑制或减缓了遗煤的氧化放热速度。当氧气浓度降低到 5% ~ 10% 时，可抑制煤炭的氧化自燃；氧气浓度降至 3% 以下时，可完全抑制煤炭等可燃物阴燃和复燃。

（2）采空区注入氮气后，提高了空间内气体的静压，减小了漏风通道两端的压差，减少了漏入采空区的风量，减少了浮煤与氧直接接触的机会，使采空区或火区的浮煤缺氧而处于窒息状态。

（3）低温的氮气在流经煤体时，吸收了煤氧化产生的热量，可以减缓煤升温的速度和降低周围介质的温度，使煤的氧化因聚热条件的破坏而延缓或终止。

（4）在封闭火区的过程中或向采空区内注入氮气后，有抑爆作用。随着氮气的注入，瓦斯等可燃、可爆气体与氮气混合，在局部空间里氧气浓度快速下降，瓦斯的爆炸范围逐渐缩小（即下限升高，上限下降）。当氮气与可燃性气体的混合物比例达到一定值时，混合物的爆炸上限与下限重合，此时混合物失去爆炸能力。

（5）直接将液氮注入火区时，液氮汽化，吸收大量的热量，不但可降低氧气浓度，而且降低了气体、浮煤和围岩温度，火区冷却会加速火源熄灭。在 20 ℃的环境温度下，液氮的汽化热为 423 kJ/kg。

基于上述防灭火原理，向综放面采空区注入氮气，并使它渗入到采空区垮落区和断裂带，形成氮气惰化带，可达到抑制采空区自燃的目的。

二、制氮方法

用于煤矿的氮气的制备方法有深冷空分、膜分离和变压吸附 3 种。这 3 种方法的原理都是将大气中的氧和氮进行分离以提取氮气。

深冷空分制取的氮气纯度最高，通常可达到 99.95% 以上，但制氮效率较低，能耗大，设备投资大，需要庞大的厂房，且运行成本较高。

膜分离法是利用空气中氧气和氮气等组分对高分子薄膜的渗透率不同，氧气透过膜壁而富集，氮气未透过膜层滞留于原始气体一侧而富集。根据膜分离原理制成的井下移动式制氮装置，运行可靠，操作方便，随机产生的氮气就地注入采空区进行防灭火，可节省地面建筑和井下管路工程投资。但氮气纯度仅能达 97% 左右，且产氮量有限。

变压吸附制氮是 20 世纪 70 年代才开发的一种新技术。它是利用氮氧分子对分子筛的扩散速度不同使其分离。根据此原理制成的制氮装置有地面固定式、地面和井下移动式，其优点是操作简单，易维护；主要缺点是碳分子筛在气流的冲击下，极易粉化和饱和，同时分离系数低，能耗大，使用周期短，运转及维护费用高。

三、注氮工艺

注氮形式有开区注氮和闭区注氮两种。注氮方式有旁路式、埋管式两种。注氮方法有连续性注氮和间断性注氮等，工作面开采初期和停采撤架期间，或因遇地质破碎带、机电设备等原因造成工作面推进缓慢，宜采用连续性注氮；工作面正常回采期间，可采用间断性注氮。

1. 开区注氮

当自然发火危险主要来自回采工作面的后部采空区时，应该采取向本工作面后部采空区注入氮气的防灭火方法。

（1）埋管注氮。如图 3-59 所示，在工作面的进风侧采空区埋设一条注氮管路，当埋入一定长度后开始注氮，同时再埋入第二条注氮管路（注氮管口的移动步距通过考察确定）。当第二条注氮管口埋入采空区氧化带与冷却带的交界部位时向采空区注氮，同时停止第一条管路的注氮，并重新埋设注氮管路。如此循环，直至工作面采完为止。

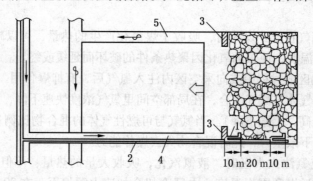

1—氮气释放管；2—输氮管道；3—隔墙；4—工作面进风巷；5—工作面回风巷

图 3-59　埋管注氮系统

（2）拖管注氮。在工作面的进风侧采空区埋设一定长度（其值由考察确定）的注氮管，它的移动主要利用工作面的液压支架，工作面输送机机头，机尾，或工作面进风巷的回柱绞车作牵引。注氮管路随着工作面的推进而移动，使其始终埋入采空区氧化带内。

也可以从工作面进风巷或回风巷铺设一趟管道，然后通过固定在支架上的铠装软管，按一定间距安设一条伸向采空区的毛细管，毛细管拴在支架上，随工作面移架而向前移动，如图 3-60 所示。

（3）开区注氮的要求。无论是埋管注氮还是拖管注氮，注氮管的埋设及氮气释放口的设置应符合如下要求：

①对采用 U 型通风方式的采煤工作面，应将注氮管铺设在进风巷中，氮气释放口设在采空区中，借助于漏风将注入的氮气散布在采空区内，为了减少氮气泄漏，在工作面上下隅角建立隔墙。

②氮气释放口应高于底板，不得向上，以 90°弯拐向采空区，与工作面保持平行，罩

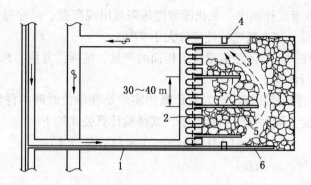

1—输氮管；2—铠装软管；3—毛细管；4—隔墙；5—采空区自燃带；6—预埋管

图3-60　拖管注氮系统

以金属网并用石块或木垛等坚硬的护体加以保护，以防被砸坏或孔口堵塞。

③氮气释放口之间的距离，应根据采空区"三带"宽度、注氮方式、注氮强度、氮气有效扩散半径、工作面通风量、氮气泄漏量、自然发火期、工作面推进度以及采空区冒落情况等因素综合确定。第一个氮气释放口设在始采线位置，其他氮气释放口的间距以30 m为宜，氮气释放口一般距工作面10～15 m。当工作面长度为120～150 m时，法国采用的氮气释放口间距为50 m。

④埋管注氮可并列敷设两条输送管道，每条管道上隔60 m焊接一个氮气释放口，两条管道前后相错30 m；拖管注氮可采用单管，管道中设置三通，从三通上接出短管进行注氮。

2. 闭区注氮

（1）旁路注氮。旁路注氮是指在工作面与已封闭采空区相邻的巷道中打钻，然后向已封闭的采空区插管注氮，使之在靠近回采工作面的采空区侧形成一条与工作面推进方向平行的惰化带，以保证本工作面安全回采。注氮钻孔一般超前工作面80～90 m，孔间距15～20 m（特殊地点5 m），孔深8～10 m。

（2）钻孔注氮。钻孔注氮是指在地面或施注地点附近巷道向井下火区或火灾隐患区域打钻孔，通过钻孔将氮气注入火区。

（3）插管注氮。插管注氮是指在工作面始采线、终采线或巷道高冒顶火灾，向火源点直接插管进行注氮。

（4）墙内注氮。墙内注氮是指利用防火墙上预留的注氮管向火区或火灾隐患的区域实施注氮。

四、回采工作面采空区注氮

向采空区注入氮气要根据具体条件确定注氮方式。在有自燃早期预报时，一般应采用非连续注氮，以降低成本。当高温点出现后，根据其温度或一氧化碳浓度大小选择注氮强度、注氮口的位置以及工作面风量等。

1. 注氮量

工作面后部采空区的注氮量应根据采空区中的气体成分进行确定，以距工作面20 m处采空区中的氧气浓度不大于10%作为确定的标准。如果采空区中一氧化碳浓度较高

（超过 0.005%），或者工作面中一氧化碳浓度超限或出现高温、异味等自燃征兆，则应加大注氮强度和注氮量。注入氮气的纯度应大于 97%。

目前，采煤工作面采空区注氮量按工作面的产量、吨煤注氮量、瓦斯量、采空区氧化带内的氧气浓度进行计算。

（1）按工作面的产量计算。该方法计算的实质是在单位时间内注氮充满采煤所形成的空间，使氧气浓度下降到惰化指标以下，其经验计算公式如下：

$$Q_N = (A/1440\rho t\eta_1\eta_2) \times (C_1/C_2 - 1) \tag{3-12}$$

式中　Q_N——注氮量，m^3/min；

　　　A——年产量，t；

　　　ρ——煤的密度，t/m^3；

　　　t——年工作日，取 300 天；

　　　η_1——管路的输氮效率，%；

　　　η_2——采空区注氮效率，%；

　　　C_1——空气中的氧气浓度，取 20.8%；

　　　C_2——采空区防火惰化指标，取 7%。

（2）按吨煤注氮量计算。该方法是指采煤工作面每采出 1 t 煤所需的防灭火注氮量。根据国内外的经验，每吨煤需 5 m^3 氮气，其计算公式如下：

$$Q_N = 5AK/(300 \times 60 \times 24) \tag{3-13}$$

式中　Q_N——注氮量，m^3/min；

　　　A——年产量，t；

　　　K——工作面采出率。

（3）按瓦斯量计算。计算公式如下：

$$Q_N = Q_0C/(10 - C) \tag{3-14}$$

式中　Q_N——注氮量，m^3/min；

　　　Q_0——采煤工作面通风量，m^3/min；

　　　C——工作面回风流中的瓦斯浓度，%。

（4）按采空区氧化带内的氧气浓度计算。该方法计算的实质是将采空区氧化带内的原始氧气浓度降到防灭火惰化指标以下，其计算公式如下：

$$Q_N = (C_1 - C_2)Q_v/(C_N + C_2 - 1)$$

式中　Q_N——注氮量，m^3/min；

　　　Q_v——采空区氧化带的漏风量，m^3/min；

　　　C_1——采空区氧化带内原始氧气浓度（取平均值），%；

　　　C_2——注氮防火惰化指标，取 7%；

　　　C_N——注入氮气的纯度，%。

分别计算后，选取以上计算结果的最大值，再结合具体情况考虑 1.2~1.5 的安全备用系数，即为采空区防灭火注氮时的最大注氮量。

2. 注氮方式

回采工作面采空区注氮属于开区注氮。由于采空区漏风源分布复杂，处于不断变化之中，选择合适的注氮方式显得比较麻烦。尤其是无煤柱或分层开采的工作面，极易存在多处漏风通道，选择注氮方式时，应摸清主次漏风通道再选定。一般情况下，回采工作面采空区外部没有明显的漏风通道时，常采用埋管式注氮，氮气释放口沿工作面进风巷设置在距工作面 15 m 且距巷道底板 500 mm 处的采空区中。注氮管的布置方法常采用预埋管路和绞车拖移管路，个别时候也采取施打钻孔注氮。回采工作面采空区外部存在明显的漏风通道时，常采取旁路式或旁路式与埋管式联合注氮。

3. 防氮泄漏技术

注氮防灭火的关键是保证氮气尽可能地滞留在采空区氧化带中，以降低氧气浓度而使其中的浮煤处于惰化状态。回采工作面采空区常常采用适度均压、及时封堵漏风源和汇联合抑漏固氮法来防止氮气泄漏。采用适度均压法时，由于工作面仍处于正常回采状态，需保证安全供风量，所以常在回风巷设置调节风门。封堵采空区漏风源和汇联合抑漏固氮法常采用编织袋装碎煤，在进回风隅角处靠采空区侧建能封闭全断面的密闭墙进行外部封堵后，再分别向墙里压注凝胶泥浆进行内部充填封堵。

4. 氮气纯度

氮气纯度决定着惰化防灭火的有效性。若氮气纯度达不到规定，难以发挥氮气的惰化作用，反而有可能造成助燃发火事故。因此，《煤矿安全规程》第二百七十一条规定，氮气源稳定可靠，注入的氮气浓度不小于97%。为保证注入氮气的纯度，每次开始注氮时，应在采空区附近注氮管预设的三通闸门处进行排空，经检测确认氮气纯度超过97%后再向采空区灌注。正常注氮期间，每3天应利用氧气检知管在采空区附近预设的三通闸门处至少间接测定一次氮气的浓度。若装备有气相色谱分析仪或束管监测系统，每周应至少对采空区进行取样或利用采空区预埋的束管抽样分析一次。一旦发现氮气浓度低于97%，应停止注氮，待处理好后再注。

5. 氧气最低浓度

氮气虽然无毒，但有窒息性，因此，注氮时对工作场所的安全氧气浓度和安全供风量应进行明确规定，而目前国内对此尚无明确的规定指标，《煤矿安全规程》仅对注入氮气的纯度不低于97%作了规定。但根据德、法两国关于注氮点作业场所的安全氧气浓度分别不低于18%和18.5%的规定，从安全可靠性方面考虑，我国将氧气浓度指标暂定为18%。对于正常通风的巷道或工作面，回采工作面正常注氮期间，氮气泄漏将导致工作场所风流中的氧气浓度降低，除在回风隅角处设置氧气传感器适时检测监控外，每班可由瓦斯检查员利用氧气检知管分别对工作面回风隅角、回风流等处的氧气浓度进行巡检，以确保整个工作面空间中的氧气浓度均不低于18%。

五、氮气防灭火注意事项

（1）对输氮管路的规定如下：
①管路到达注入点的距离应最短且平直，沿程阻力损失和管材消耗量小。
②氮气在管路内的流速在 1.0~1.5 m/s 经济流速范围内。
③管间连接采用焊接，减少接头泄漏和局部阻力损失。
④拐弯和低洼处要设置放水包。
⑤注氮干管上设置调控阀门和安全放空管。

⑥埋设在采空区内的管路贴底板布置，氮气释放口应用石块、木垛等加以保护。

（2）在工作面回风巷中要并列敷设两条束管，并埋入采空区内，两条束管的管口错开一定距离，每条束管隔一定的距离截断一次。在注氮过程中，由地面束管监测系统真空泵从束管内抽取注氮区的气样，送入色谱仪分析。利用监测监控系统，加强对工作面通风隅角、工作面和回风平巷中一氧化碳、氧气和瓦斯的监测；同时，由瓦斯检查员随时对工作面及回风平巷中的一氧化碳、氧气和瓦斯浓度进行检查，要保证工作面风流中的氧气浓度不低于18%，否则停止作业并撤出人员，同时降低注氮流量或停止注氮，或增大通风场所的通风量。

（3）注意检查工作面，特别是回风隅角及回风平巷风流中的瓦斯涌出情况，若发现采空区内大量涌出瓦斯，使风流中瓦斯超限时，可适当降低注氮强度或应用采空区抽放瓦斯的方法进行处理。

（4）第一次向采空区注氮，或停止注氮后再次注氮时，应先排出注氮管内的空气，避免将空气注入采空区中。注氮管道较长时，更应注意这一问题。

（5）制氮设备的管理人员和操作人员，须经理论培训和实际操作培训，考试合格，才能上岗。注氮时要有应急预案并做到人人熟知。

（6）采空区进行注氮防火或对火区进行注氮灭火时，应编制相应的安全技术措施，报矿总工程师批准。

（7）应建立健全注氮防灭火台账。

六、注氮防灭火技术应用实例

某矿区利用设置在地面的制氮设备制取氮气，通过管路送入井下，注入采空区等煤炭可能自燃的区域，使之惰化，达到了防灭火的目的。

1. 注氮方式及注氮工艺

综放工作面常用的注氮方式有本工作面采空区埋管注氮、相邻采空区埋管注氮和相邻采空区旁路钻孔注氮3种。

（1）本工作面采空区埋管注氮。本工作面采空区埋管注氮，可以采用连续注氮和间断注氮方式。注氮强度应根据采空区中气体成分变化和运移规律综合确定并及时调整。注氮管道的埋设及氮气释放口的设置应符合以下要求：

①注氮管道沿进风巷外侧铺设，氮气释放口高于底板，以90°弯管拐向采空区，与工作面保持平行，并用石块或木垛等加以保护。

②注氮管道一般采用单管，管道中设置三通。从三通上接出长500 mm左右的支管，以防堵管。

③氮气释放口之间的距离根据采空区"三带"尺寸、注氮方式、注氮强度、发火期的长短、工作面推进速度以及采空区冒落情况等因素综合确定。通常第一个氮气释放口设在开切眼位置，第二个释放口距开切眼20~30 m，第三个或以后的释放口的位置以实测的自燃带（或氧化带）宽度确定。

（2）相邻采空区埋管注氮。相邻采空区埋管注氮即所谓旁路注氮方式，其方法是在生产工作面与采空区相邻的巷道中打钻孔，然后向已封闭的采空区插管注氮。注氮量的确定原则是充分惰化靠近生产工作面侧的采空区，并形成一条与工作面推进方向平行的惰化带。注氮方式可以采取连续进行，也可以采取间断进行（根据对采空区气体成分的检测结果而定）。

（3）相邻采空区旁路钻孔注氮。相邻采空区旁路钻孔注氮工艺参数如下。

①注氮钻孔位置：超前工作面 80~90 m 及接近工作面隅角范围内的钻孔都应注氮。

②氮气释放钻孔之间距离：一般为 15~20 m，特殊点间距为 5 m。

③注氮钻孔深度：孔深 8~10 m。

④注氮量及注氮方式：采取间断式注氮，保持相邻采空区内氧气浓度不大于 10%。

2. 技术评价

在氮气防灭火过程中，不会损坏或污染机械设备和井巷设施，火区可以较快恢复生产；氮气防灭火必须与均压和其他堵漏风措施配合应用，否则氮气会随漏风流失，难以起到防灭火作用。

第七节 漏风检测与堵漏

一、漏风检测

矿井漏风是影响矿井安全生产的隐患之一。它不仅浪费通风能量，降低矿井有效通风量，使用风地点供风不足，而且在有煤层自然发火危险的矿井中，连续供氧可加速采空区、密闭区等处煤的氧化，容易造成这些地点的煤炭自燃、有害气体侵入、瓦斯异常涌出等事故。因此，有效检测矿井的漏风分布，以便采取针对性的措施消除或减少漏风，是保证矿井安全生产的重要手段。

1. 示踪剂选择

煤矿井下漏风状况极其复杂多样，国内外学者经过大量的研究试验，将示踪剂技术应用于矿井漏风检测中。示踪剂技术就是应用示踪剂来研究气体（或液体）流动踪迹及其规律的一项专门技术，特别是在对人员不容易到达的地点（如采空区）的气体流动踪迹及其规律的研究方面，更具有独特的优越性。

示踪剂大致可分为气体示踪剂和气溶胶示踪剂两大类。20 世纪 60 年代以前使用较多的是气溶胶示踪剂，如油雾、氧化铟、碘化银、硫化锌、矽化锌、荧光素钠等。为了更好地模拟气体污染物，又试验发展了气体示踪剂，如二氧化硫、氨气、乙炔及某些放射性气体氪、氙等。但上述所有示踪性在现场应用中都或多或少存在一些缺陷，如有的水溶性大，遇淋水或湿空气时易出现水解或大颗粒沉降；有的易被其他物体吸附，造成释放、采样困难；有的自然本底浓度较高，容易造成分析误差大、试验精度低；有的本身具有污染性、毒性，易污染环境；还有的只能做近距离示踪，不能做中远距离示踪等。

经过长期的研究、试验与总结，效果较好的示踪剂应同时具备以下特性：

（1）常温下呈气态，无色、无臭、无毒，易与空气混合，对空气流动状况没有影响。

（2）化学性质稳定，水溶性差，不易氧化，在测定过程中应该守恒，即不参与反应，不挥发，不沉淀，不吸附器壁。

（3）自然本底浓度低，释放、采样、检测方法简单，精度高。

（4）成本低，来源方便。

六氟化硫（SF₆）在常温常压下为无色、无臭、无毒、无腐化性、不燃、不爆炸的气体，具有良好的化学稳定性、电绝缘性和灭弧性，在释放和检测范围内对人体无害、便于检测，并有较高的精度，不溶于水，不为井下物料所吸附，在矿井环境中自然本底浓度低且价格低廉，成为理想的气体示踪剂。

在 20 世纪初，国外就已经应用六氟化硫作为示踪剂。我国于 1979 年应用六氟化硫气体示踪技术成功地进行了大气污染的监测。1984 年，大同老白洞煤矿应用六氟化硫气体示踪技术成功进行了采空区漏风的测定。

六氟化硫示踪气体现已成为煤矿井下检测漏风通道、判断漏风方向、确定漏风量的可靠手段。为了更好地应用六氟化硫示踪气体检测漏风技术，我国于 1997 年制定了《煤矿巷道用六氟化硫示踪气体检测漏风技术规范》。

2. 六氟化硫示踪气体漏风检测原理

通过分析，在可能的漏风源处释放一定量的六氟化硫示踪气体，通过检测漏风汇处风流中六氟化硫示踪气体浓度的变化情况，计算出漏风量的大小，从而进一步找出矿井漏风分布规律。因此，完整的检测系统应当包括示踪气体的释放、采样（接收）、分析和计算等环节。

3. 六氟化硫示踪气体的释放

六氟化硫示踪气体的释放有两种方法，即瞬时释放法和连续定量释放法。

1）瞬时释放法

（1）在可能的漏风源处一次瞬时释放一定量的六氟化硫示踪气体，其释放量按下式计算：

$$Q = 1000K_1K_2MV \tag{3-15}$$

式中　Q——六氟化硫示踪气体的释放量，mL；

K_1——仪器修正系数，采用六氟化硫检漏仪时取 1，采用气相色谱分析仪时取 153.4；

K_2——仪器的计算检测浓度，采用六氟化硫检漏仪时取 10^{-7}，采用气相色谱分析仪时取 10^{-10}；

M——被检测空间（漏风区域）的孔隙率；

V——被检测空间的体积，L。

（2）在预先估计的可能漏风汇处设置采样点，利用采样器定点定时采集气样，取样后，要保证严密不漏气，并注明取样时间和地点，然后送化验室分析。同一地点的采样次数一般不少于 10 次，两次采样的时间间隔初期一般为 5~10 min，后期为 30~60 min。

（3）通过分析气样中是否含有六氟化硫示踪气体以及六氟化硫示踪气体浓度的大小，确定漏风通道和漏风量。

瞬时释放法方法简单、易行，但取样时间较难掌握，如果掌握不好可能会错过六氟化硫示踪气体的最高浓度点，使测定结果产生误差。

2）连续定量释放法

连续定量释放法的关键是要有一套能连续、稳定、定量地释放六氟化硫示踪气体的装置。该装置必须有高度的可靠性、气密性，以保证六氟化硫示踪气体的释放量稳定在某一设定值，而且能灵活地调节释放量。

六氟化硫示踪气体连续释放装置一般由贮气钢瓶、减压阀、稳压阀、稳流阀和流量计组成，如图 3-61 所示。

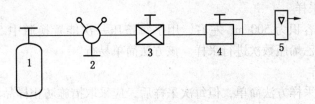

1—贮气钢瓶；2—减压阀；3—稳压阀；4—稳流阀；5—流量计
图 3-61　六氟化硫示踪气体连续释放装置

六氟化硫示踪气体贮气钢瓶的压力不低于 3 MPa。六氟化硫示踪气体的稳定释放量可在 10~100 mL/min 按需调节，适用于测定 50~10000 mL/min 的井巷通风量。气体释放量用流量计测量，准确度等级大于或等于 2.5 级。

释放过程如下：

（1）利用释放装置在需要检测的井巷风流中连续、定量、稳定地释放六氟化硫示踪气体，流量一般为 10~30 mL/min。

（2）当六氟化硫气体连续稳定地释放 20 min 后，在各采样地点同时采样，取样后要严密封闭，并注明取样时间和地点，然后送化验室分析。

（3）根据各采样点气样分析得出的六氟化硫浓度，按下式计算出各点的风量：

$$Q_i = q/C \tag{3-16}$$

式中　Q_i——采样点的风量，m^3/min；

　　　q——六氟化硫示踪气体的释放流量，m^3/min；

　　　C——i 点六氟化硫示踪气体的浓度，%。

（4）按下式可计算出 i 和 $i+1$ 两采样点间的漏风量，进而找出漏风规律：

$$\Delta Q_{i,\,i+1} = Q_i - Q_{i+1} \tag{3-17}$$

或

$$\Delta Q_{i,\,i+1} = q(C_{i+1} - C_i)/(C_i C_{i+1}) \tag{3-18}$$

式中　$\Delta Q_{i,i+1}$——第 i 和第 $i+1$ 采样点之间的漏风量，m^3/min；

　　　Q_i、Q_{i+1}——第 i 和第 $i+1$ 采样点的风量，m^3/min；

　　　q——六氟化硫示踪气体的释放流量，m^3/min；

　　　C_i、C_{i+1}——第 i 和第 $i+1$ 采样点六氟化硫示踪气体的浓度，%。

如 $\Delta Q_{i,i+1}$ 为正值，表示有风量漏出；如 $\Delta Q_{i,i+1}$ 为负值，表示有风量漏入。

4. 六氟化硫示踪气体采样

根据采样方式不同，可分为人工采样法和自动采样法；根据采样所用的工具不同，可分为不锈钢采样罐采样、聚乙烯瓶采样、注射器采样、气体采样泵采样。

1）不锈钢采样罐采样

采样罐的容积一般为 1 L 至几升，罐口装有流量控制阀。采样前首先要将罐内空气抽出，并把流量控制阀调节到在预定的接收时间内采样罐将被充满 70% 容积的位置，然后把罐放置在采样点，到预定接收时间时打开阀门开始采样。这种方法可以保证在接收时间内罐体周围的空气能以匀速流入罐内。该方法采样均匀，能反映采样点空气中六氟化硫示踪气体的平均浓度，精度较高，但工作量大。

2）聚乙烯瓶采样

聚乙烯瓶一般容积为 500 mL 左右，用手每挤压一次能置换瓶中 50% 的气体。采样时，可连续挤压聚乙烯瓶数次进行采样。该方法简单易行。

3）注射器采样

用医用注射器采样方法简单，但每次采样后，应采取措施防止样品泄漏损失。如果直接保存在针筒内，应立即在针头上穿上硅胶垫；如果用聚乙烯袋保存，应将样品注入袋内后及时用胶纸密封袋上针眼。

4）气体采样泵采样

使用气体采样泵（如 AQP-1 型）可在采样点直接采样，也可以在采空区、封闭的火区和人们不能直接到达的地点，通过预先敷设的管道进行远距离采样。

5）采样的注意事项

由于采样工作是检漏过程中一个重要的环节，将直接影响检漏分析的结果，所以在采样过程中应注意以下 4 个问题：

（1）采样前应将采样工具和盛放样品的容器统一编号，采样时根据采样时间按编号顺序使用。

（2）采样前要编制统一格式的原始记录表格，在采样时要做好记录。记录表格中应包括序号、采样点名称、编号、采样时间、方式、距离释放点的距离等内容。

（3）应事先约定好联络方式和采样时间。当采样点距离释放点较近时，释放六氟化硫示踪气体的同时就要开始采样，且要缩短每次采样的时间间隔。如果联络不方便，则应按预定的释放时间，在采样点同时进行采样。当采样点距离释放点较远时，按预定的时间释放和采样，同时采样的时间间隔可以延长 5~10 min 或更长些；如果距离很远时，可根据采空区漏风风速或井下巷道内的风速决定各采样开始时间滞后于释放时间的长短。

（4）各采样点除安排 1~2 人负责采样外，还应设专人负责各采样点的联络、井上与井下的联络，将各采样点采集的样品及时送交化验室。

5. 六氟化硫示踪气体的分析、计算

采集到的样品要用专用的仪器进行分析，检测、分析六氟化硫示踪气体的仪器有气相色谱仪和六氟化硫气体检测仪。

六氟化硫气体检测仪常用来进行定性分析，其中某些型号也可进行定量分析，但定量分析的误差很大，如 LF-1 型六氟化硫气体检测仪。

气相色谱仪常用来进行定量分析，为了改善气相色谱仪的色谱分离条件、提高检测器的灵敏度，现在均采用带有电子捕获检测器的六氟化硫气相色谱仪。随着六氟化硫示踪气体应用范围的不断扩大，对仪器的小型化、轻便化及检测灵敏度和自动化等方面都提出了更高的要求。

无论选用哪种分析仪，都要保证整个操作过程规范、稳定，以保证最大限度地减少人为误差，从而获得准确结果。

根据化验室的检测结果绘出各采样点六氟化硫示踪气体浓度随时间的变化曲线，然后可以根据这些曲线判断采空区的主要漏风通道，并计算漏风量和六氟化硫示踪气体的实际接收量。

$$Q_{SF_6} = K \sum_{i=1}^{n} \left(T_i \cdot \frac{1}{m_i} \cdot q_{mi} \cdot \sum_{i=1}^{mi} C_{ij} \right) \qquad (3-19)$$

式中 Q_{SF_6}——六氟化硫示踪气体的实际接收量，L；

K——单位换算系数，$K = 1000$ L/m³；

T_i——某一采样点采样累计时间，min；

n——采样点个数；

m_i——某一采样点样品总数；

q_{mi}——某一采样点漏风量，m³/min；

C_{ij}——某一采样点第 j 个样品的浓度。

将计算出的实际接收量与实际释放量相对比，可求出接收百分比，最后得出采空区漏风量。

6. 应用实例

（1）矿井外部漏风测定。抽出式通风矿井外部漏风包括回风井的防爆门、风硐、反风绕道、备用通风机等处的漏风。若风井有提升设备，外部漏风还包括材料道风门漏风。图 3-62 所示为某煤矿进行矿井外部漏风测定时的示意图。

在总回风巷中设置六氟化硫释放点 R，释放流量 49 mL/min（用皂膜流量计标定），第一采样点设在回风井中部，第二采样点设在风硐内，第三采样点设在主要通风机扩散器出口处。采取的气样，在 10 h 内用气相色谱仪分析六氟化硫浓度，从 1 点的气样分析结果可计算出矿井的

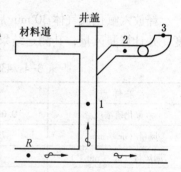

1~3—采样点
图 3-62 矿井外部漏风测定

总回风量，从 2 点的气样分析结果可计算出材料道及防爆门的漏风量，从 3 点的气样分析结果可计算出风硐、反风绕道及备用通风机等处的漏风量，其测定结果见表 3-3。

表 3-3 某煤矿外部漏风测定结果

采样点	1	2	3
六氟化硫示踪气体浓度/%	0.00173	0.00140	0.00137
风量/(m³·min⁻¹)	2826	3503	3579
漏风量/(m³·min⁻¹)		677	76
漏风率/%		23.96	2.17
总漏风率/%		26.65	

从表中可以看出，总漏风率为 26.65%，大于《煤矿安全规程》规定的 15%，漏风点主要是材料道风门和回风井防爆门，可采取堵漏措施。

（2）工作面采空区漏风测定。某煤矿 4302 综采放顶煤工作面，用六氟化硫示踪气体连续释放法测定了采空区漏风量。六氟化硫示踪气体释放点位于工作面中部，距进风口 80 m，释放量为 20 mL/min。第 1、2、3 采样点距进风口的距离分别为 125 m、155 m、

185 m，第 4 个采样点位于回风巷，如图 3-63 所示。

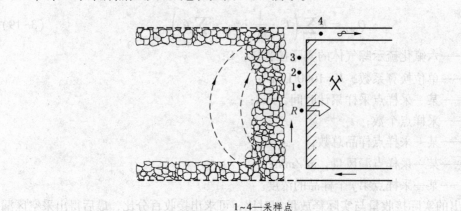

1~4—采样点

图 3-63　综放工作面采空区漏风测定示意图

释放六氟化硫气体 30 min 后，在 4 个采样点同时采取气样，然后分析六氟化硫的浓度，并计算漏风量，其测定结果见表 3-4。

表 3-4　4302 综采放顶煤工作面采空区漏风测定结果

采样点	1	2	3	4
六氟化硫浓度/%	0.00277	0.00258	0.00245	0.00231
风量/($m^3 \cdot min^{-1}$)	722	775	816	866
漏风量/($m^3 \cdot min^{-1}$)		53	41	50
总漏风量/($m^3 \cdot min^{-1}$)				144
总漏风率/%				17

从表中可以看出，放顶煤工作面漏风率达 17%，远高于一般工作面的漏风率（5%～10%），该测定结果为放顶煤工作面的通风管理提供了依据。

二、堵漏

所谓堵漏就是人为地增加漏风通道的风阻，以减少或防止漏风。常用的堵漏方法有以下 8 种。

1. 挂帘堵漏

挂帘布是一种简单易行的防止漏风技术。帘布采用耐热、抗静电和不透气的废胶质（塑料）风筒布。其铺设方法有两种：一种是在使用木垛维护巷道时，在木垛壁面与巷道支架的背面之间铺设风筒布；另一种是在使用密集支柱维护巷道时，将风筒布铺设在密集支柱上。挂帘堵漏主要用于工作面下隅角是采空区主要漏风源的防漏风上，通过增加漏风通道的风阻，减少漏风量，缩短氧化带的宽度。

2. 夹缝密闭墙堵漏

兖州矿区采用的夹缝密闭墙夹缝宽度一般为 0.5～3 m，夹缝密闭墙间用黄泥或胶体等不燃性材料填实。该技术适用于受采动（或矿压）影响，煤体压裂破碎的区域，它可有效封堵漏风通道。

3. 水泥砂浆喷涂堵漏

水泥砂浆喷涂堵漏是通过喷浆机将水泥、砂和水按一定比例混合并喷射到巷道壁上，将漏风通道堵严。该技术主要用于大面积沿空巷道及顶板破碎或冒顶的巷道表面喷涂堵漏，具有成本低、材料来源广泛、操作简单的特点。除此之外，水泥砂浆具有一定的支护强度，堵漏效果好。

4. 注砂堵漏

在采煤过程中，随采随即将开切眼附近、采煤工作面后部的进回风巷等处依次利用水泥砂浆进行充填隔绝采空区；待工作面推进到终采线后，在终采线以外的进回风巷的适当位置建密闭，密闭上留孔设荆笆，引管进行注砂充填，将整个采空区隔绝。注砂过程中应当采取措施防止发生堵管和溃砂事故。

5. 粉煤灰充填、隔绝堵漏

在日本、波兰、美国等国家除将粉煤灰广泛用作防止密闭墙漏风的充填材料外，还将它作为防止采空区周壁漏风的充填隔离带材料。波兰把粉煤灰填入木垛内形成隔墙；或者先在沿空巷道的支架表面喷涂一层水泥白灰浆，待其固化后，打眼插上注灰管压注粉煤灰，最后在巷道表面喷涂含灰砂浆。

目前，用粉煤灰为骨料的轻质发泡喷涂堵漏技术和无氨胶体灌注堵漏技术的新工艺，在煤矿井下防止漏风方面得到了应用。以粉煤灰为骨料的轻质发泡喷涂堵漏技术是将粉煤灰、水泥、速凝剂、轻质发泡剂等按一定比例混合后，喷涂在煤体表面，达到减少漏风的目的。以粉煤灰为骨料的无氨胶体灌注堵漏技术是将灰水比为 1：(3~5) 的无氨凝胶注入相邻采空区或巷道松散煤体，阻止漏风。

这两种技术都使用 KPZ-1 型移动式喷注设备，主要适用于长距离、小范围的煤壁喷涂（注胶）堵漏。其优点是减少了喷涂（或注胶）与掘进或回采工作之间的相互干扰，缺点是管路较长、环节多、易堵管、故障率高、喷涂（或注胶）过程不易控制。

6. 泡沫堵漏

泡沫堵漏的材料很多，有二相泡沫，也有三相泡沫。二相泡沫如惰气泡沫、聚氨酯泡沫、脲醛泡沫、水泥泡沫等在煤矿防灭火中虽已得到应用，但由于二相泡沫稳定性差，聚氨酯泡沫、脲醛泡沫、水泥泡沫成本高，对人体健康有害，应用受到了限制。三相泡沫则在矿井堵漏防灭火中得到了广泛应用。

7. 凝胶堵漏

凝胶是通过压注系统将基料和促凝剂两种材料按一定比例与水混合后，注入煤体中凝结固化，起到堵漏和防灭火的目的。

8. 高水速凝材料堵漏

高水速凝材料由甲、乙两种粉状物料构成，分别加水配制成单浆，通过两套管路送至现场，经混合后注入充填固化地点。高水材料甲料为硫铝酸盐特种水泥，乙料为石膏、石灰及其他添加剂，水固比达到(2~3)：1 以上时，可迅速凝结、硬化并产生一定的强度，从而充填采空区与煤体裂隙。

该技术主要用于沿空巷道沿空侧松散煤体、高冒区等空洞的充填，具有一定的固化强度，充填堵漏效果较好，但充填材料凝固时间不易掌握。

第八节　束管监测系统

一、束管监测系统原理

井下煤层自然发火直接影响煤矿安全生产，瓦斯矿井煤层自然发火严重时可能会引起矿井瓦斯爆炸。如何准确监测、预报煤层自然发火，为煤矿防灭火提供科学依据，是当前煤炭安全生产的重要任务之一。

束管监测系统是一套能自动对井下环境中 O_2、N_2、CO、CO_2、CH_4、C_2H_4、C_2H_2、C_2H_6 等气体含量的变化实现 24 h 连续、循环监测的系统，通过烷烯比、链烷比的计算，从而实现煤炭自燃早期检测和预测预报，为煤矿自燃火灾和矿井瓦斯事故的防治提供科学依据。

束管监测系统是利用真空泵，通过一组空心塑料管将井下检测地点的空气直接抽至分析单元中进行监测。束管监测系统主要由采样系统（除尘器、接管箱、放水器、抽气泵）、气体采样控制器、气体分析单元、微机系统等组成。

1. 采样系统

采样系统主要由抽气泵、管路组成。管路一般采用聚乙烯塑料管，在采样管的入口装有干燥、粉尘和水捕集器等净化和保护单元。在管路的适当位置装有贮放水器，以排除管中的冷凝水，整个管路要绝对严密，管路上装有真空计指示管路的工作状态。

2. 气体采样控制器

气体采样控制器由微机系统控制实现井下采样点进行循环采样。

3. 气体分析单元

气体分析单元一般使用气相色谱仪、红外气体分析仪等仪器。

4. 微机系统

微机系统控制井下气体采样、存储并处理气体分析仪发送来的数据，控制输出设备。

束管检测系统采用束管采样，色谱分析，无须任何电化学传感器；检测气体种类多、精度高，可及时准确地预测火源温度变化情况；系统自动控制、连续循环监测；运用数据库技术，可对历史数据进行分析比较，并且可实现分析数据共享。

最早的 ASZ 系统束管监测系统的抽气泵、采样控制系统和分析单元都在井上，井下检测点的气样必须抽至地面才能进行分析，检测距离通常小于 10 km。对于井田范围较大的矿井，该系统管路接头多，抽气负压大，管路系统维护困难，容易造成漏气，使采集的气样失真，影响煤炭自燃预测预报的准确性。为了解决这一问题，近年来研制出的 KJF 系列束管监测系统，将束管检测和煤矿环境监测相结合，将抽气泵、采样控制系统、分析单元移至井下较近的硐室，井下分析单元的分析结果和其他检测信号通过变送器发送至地面中心监测站或集中检测中心，这种系统有力地解决了原来的监测系统故障率高、管理维护困难的问题。

二、几种束管监测系统

1. KSS-200 型束管色谱微机监测系统

1）系统组成

KSS-200 型束管色谱微机监测系统主要由粉尘过滤器、单管、束管、分路箱、抽气泵、监控微机、束管专用色谱仪、打印输出设备、网卡、系统软件等组成，如图 3-64 所示。

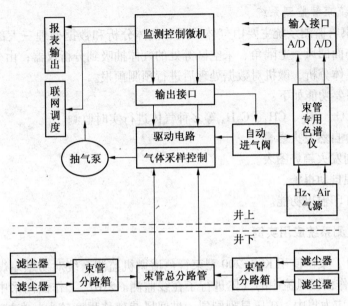

图 3-64　KSS-200 型束管色谱微机监测系统

2）用途

该系统广泛用于大、中、小各类煤矿自燃火灾预测预报。

3）主要功能

（1）束管负压采样、色谱分析无须任何电化学传感器。

（2）通过对气体的分析，及时准确地预测预报自燃火灾。

（3）系统自动控制 24 h 在线监测。

（4）输出功能齐全，能生成正常分析、束管分析、趋势分析报表。

（5）具有气体含量超限自动报警功能。

（6）具有联网功能，可实现分析数据共享，为领导决策提供依据，同时能与安全监控系统联网。

（7）具有色谱仪自编程功能。

（8）井下管路最大采样距离为 30 km。

4）系统主要技术参数

（1）控制束管监测路数为 12~30 路（可根据需要扩充）。

（2）运行时间为 24 h 连续循环监测或人工设定。

（3）检测气体成分为 O_2、N_2、CO、CO_2、CH_4、C_2H_4、C_2H_2、C_2H_6 等。

5）气相色谱仪主要技术参数

（1）电源为交流（220±22）V，（50±0.5）Hz。

（2）总功率不大于 2.5 kW（不含抽气泵）。

（3）温度为 10~35 ℃，避免剧烈温度变化。

（4）相对湿度为不大于 85%。

（5）一氧化碳最小检测浓度不大于 0.5×10^{-6}。

（6）分析周期小于 12 min。

2. KHY 系统束管监测系统

KHY 系统束管监测系统主要由气体采集、气体分析和数据处理三大部分组成。通过聚乙烯管将工作面回风、上隅角、采空区等处的气体抽吸到分析仪器，由分析仪器完成对自然发火标志气体分析，微机对数据处理后进行预测预报。

该系统的主要功能如下：

（1）能对 CO、CO_2、CH_4、C_2H_4 等多种气体进行实时监测。

（2）能计算自然发火参量。

（3）能绘制发火趋势图表。

（4）能实现自动报警。

（5）具有打印输出功能。

三、束管监测系统应用实例

2004 年 8 月，某矿使用 KSS-200 型束管色谱微机监测系统对易燃厚煤层超长沿空留巷 2107_2 综放工作面回风流中的气体进行了在线监测。2107_2 工作面回采中期，随着孤岛煤柱不断变小，应力集中，矿压显现剧烈，进回风巷变移程度较大。在扩修巷道过程中，巷顶出现大面积冒落，最大的达 60 多米长，巷顶原有的防火工程普遍被破坏而使巷道防火工作处于失控状态，加之煤的自燃倾向性很严重，致使防火工作十分被动，潜在危险性剧增，给该工作面的安全生产带来极大危险。为准确、及时掌握巷顶高冒区破碎煤体的自燃隐患程度和发展变化态势，该矿根据现场实际，分别布设了检测单管对抽气分析监控，如图 3-65 所示。

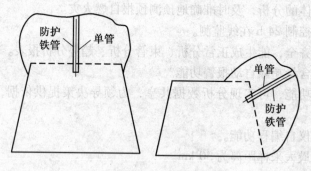

图 3-65 冒落空洞区单管布置

监控煤巷冒落空洞区的破碎自燃隐患时，应在封闭空洞外口前，按照其大小，合理地预先设置一路或多路检测单管并引出。根据防灭火的需要，适时连通主管路进行周期性的或长期的气样抽取，分析相关气体成分，判定自燃隐患程度并很好地实施针对性防火。冒落区空洞单管的密度可按每路 $10 \sim 15$ m^3 设置，且单管尽可能靠近其顶端或深部。单管的外侧应加设 $\phi 25$ mm 的铁管防护。

在工作面生产最困难的 3 个月中，共检测到自燃隐患 18 处（次），经采取针对性措施进行有效防治后，确保了该工作面的回采安全。

复习思考题

1. 简述预防煤炭自燃的开采技术措施。
2. 预防性灌浆的主要作用有哪些?
3. 简述预防性灌浆的方法。
4. 应用阻化剂防火的主要工艺方式有哪些?
5. 试述凝胶防灭火原理。
6. 试述矿井常用的均压防灭火方法。
7. 试述氮气防灭火的原理。

第四章　外因火灾预防

第一节　外因火灾预防综述

外因火灾是指由外部火源，如明火、爆破、瓦斯煤尘爆炸、机械摩擦、电路短路等原因造成的火灾。外因火灾主要包括电气火灾和带式输送机火灾。一般来说，在电气化程度较低的中小型煤矿，大多数外因火灾是由于使用明火或违章爆破等引起的。在机械化、电气化程度较高的矿井，则大多是由于机电设备管理维护不善，操作使用不当，设备运转故障等原因引起的。随着矿井电气化程度的不断提高，机电设备引起的外因火灾的比重也有增长的趋势。在井下吸烟、取暖、违章爆破、电焊及其他原因引起的外因火灾也时有发生。

外因火灾大多容易发生在井底车场、机电硐室、运输及回采巷道等机械、电气设备比较集中，而且风流比较畅通的地点。这类火灾一般发生得比较突然，发展速度也快。一个小火源，稍有疏忽，火势就可能蔓延扩大到很大的范围。如果发现不及时，处理方法不当，或是行动措施不果断，会给矿井带来严重损失以致发生惨痛的人身伤亡事故。

一、外因火灾的引火源

外因火灾的发生，必须有可燃物存在，有足够的氧气和引燃可燃物的热源。

煤矿井下可燃物分布广、种类多，包括坑木、荆条等竹木材料，皮带、胶质风筒、电缆等橡胶制品，棉纱、布头、纸等擦拭材料和煤、煤尘等固体可燃物，变压器油、液压油、润滑油等液体可燃物，瓦斯、氢气、一氧化碳等气体可燃物。

从国内外矿山外因火灾的案例可以看出，其引火源主要有明火、电气设备火和机械摩擦火等。

1. 明火

明火是造成外因火灾的主要火源，它包括携带易燃品下井；井下吸烟；安全灯或火焰灯使用不当；用电炉、大灯泡烘烤或取暖；爆破或炸药燃烧引起明火；井下使用电焊、气焊、喷灯焊；瓦斯爆炸或瓦斯燃烧；矿尘或煤尘爆炸，以及地面井口火灾的火焰顺风流窜入井下等。

2. 电气设备火

由于井下电气设备超负荷运转、电路短路等原因产生的电弧、电火花引起可燃物燃烧，造成电气火灾，如电缆、电线、电动机、电钻、变压器、油开关等使用不当以及保险丝（片）选用不当等引起火灾。

3. 机械摩擦火

由于机械设备运转不良造成运动机构摩擦发热，引起附近易燃物如木支架、木块、润滑油着火；带式运输机托辊不转、摩擦产生火花，采煤机械与夹石摩擦产生火花或静电火花等。

二、外因火灾预防对策

1. 火灾的防治对策（3E 对策）

事故发生的直接原因是人的不安全行为和物的不安全状态，而基本原因可以归结为技术、教育、身体和管理 4 个方面。针对这 4 个方面的原因可以采取以下 3 种基本对策。

1）技术对策

技术对策即运用技术的手段消除生产设施、设备的不安全状态和作业环境存在的不安全条件。

技术对策是防止火灾发生的关键对策。它要求从工程设计开始，在生产和管理的各个环节中，针对火灾产生的条件，制定切实可行的技术措施。技术对策可分为灾前对策和灾后对策。

（1）灾前对策的主要目标是破坏燃烧的条件，防止起火；其次是防止已发生的火灾扩大。

防止起火的主要对策包括：

①确定发火危险区——潜在火源和可燃物共同存在的地方，加强明火与潜在高温热源的控制与管理，防止火源产生。

②消除燃烧的物质基础。井下尽量不用或少用可燃材料，采用不燃或阻燃材料和设备，如使用阻燃风筒、阻燃胶带，支架非木质。

③防止火源与可燃物接触和作用，在潜在高温热源与可燃物间留有一定的安全距离。

④安装可靠的保护设施，防止潜在热源转化为显热源，例如变电所安装过电流保护装置，防止电缆短路。

防止火灾扩大的主要对策包括：有潜在高温热源的前后 10 m 范围内应使用不燃性支架，如井下必须焊接时，焊接点前后 10 m 范围内应使用不燃性材料支护；划分火源危险区，在危险区的两端设防火门，矿井有反风装置，采区有局部反风系统；在有发火危险的地方设置报警、消防装置和设施；在发火危险区内设避难硐室。

（2）灾后对策主要包括：

①报警，通过科技手段采集处于初期的火灾信息，及时发出报警。

②控制，利用已有设施控制火势发展，使非灾区与灾区隔离，防止火区扩大蔓延。

③灭火，迅速采取有效措施灭火。

④避难，设法通知受灾区波及或可能波及的人员尽快采取自救措施按照避灾路线撤离灾区，实在无法撤出时，尽快进入附近预先筑好的避难硐室等待救援。

2）教育对策

教育对策即通过各种层次、各种形式的安全教育和训练，使工人掌握安全生产的基本知识和技能，树立安全生产的基本观念，全面提高工人的安全素质。

就目前我国煤矿现有的技术和经济条件来看，技术手段还不能完全解决煤矿生产中所有的安全问题。因此做好矿工的安全教育、培训，提高职工的防火意识，建立应急预案，并按规定组织开展反风试验、避灾路线演习等应急演练，提高应急能力，是避免火灾事故的可靠保证。

　　3）管理（法制）对策

　　管理（法制）对策即利用法律、规程、标准和制度等一系列的强制手段约束人们的行为，避免事故的发生。

　　保证技术措施的有效性不是技术本身所能解决的，而是要通过管理来实现。同样，职工接受了安全教育、培训，具备了足够的安全知识和技能，但这并不能证明他们就会自觉地按照安全规律行事，因此还要通过制定安全规章制度并严格执行这些规章制度来控制职工的行为，使其符合安全规范的要求，实现人、机、环境的和谐，提高生产系统的整体安全性。

　　前两者是防火的基础，后者是防火的保证，如果片面强调某一对策都不能收到满意的效果。

　　2. 火灾预防的规定

　　预防外因火灾的关键在于严格遵守《煤矿安全规程》的相关规定。《煤矿安全规程》对预防外因火灾的规定包括地面火灾的预防和井下外因火灾的预防。

　　1）地面火灾的预防

　　（1）生产和在建矿井必须制定井上下防火措施。矿井的所有地面建筑物、煤堆、矸石山、木料场等处的防火措施和制度，必须符合国家有关防火的规定。

　　（2）木料场、矸石山、炉灰场距离进风井不得小于 80 m。木料场距离矸石山不得小于 50 m。矸石山、炉灰场不得设在进风井的主导风向上风侧，也不得设在表土 10 m 内有煤层的地面上和设在有漏风的采空区上方的塌陷区范围内。

　　（3）新建矿井的永久井架和井口房、以井口为中心的联合建筑，必须用不燃性材料建筑。

　　（4）进风井口应装设防火铁门，防火铁门必须严密并易于关闭，打开时不妨碍提升、运输和人员通行，并应定期维修；如果不设防火铁门，必须有防止烟火进入矿井的安全措施。

　　（5）井口房和通风机房附近 20 m 内，不得有烟火或用火炉取暖。暖风道和压入式通风的风硐必须用不燃性材料砌筑，并应至少装设两道防火门。

　　（6）矿井必须设地面消防水池，并经常保持 200 m³ 以上的水量。

　　2）井下外因火灾的预防

　　（1）井下必须设消防管路系统，管路系统应每隔 100 m 设置支管和阀门；带式输送机巷道中应每隔 50 m 设置支管和阀门。

　　（2）井筒、平硐与各水平的连接处及井底车场，主要绞车道与主要运输巷、回风巷的连接处，井下机电设备硐室，主要巷道内带式输送机机头前后两端各 20 m 范围内，都必须用不燃性材料支护。

　　（3）井下严禁使用灯泡取暖和使用电炉。

　　（4）井下和井口房内不得从事电焊、气焊和喷灯焊接等工作。如果必须在井下焊接时，每次必须制定安全措施，并指定专人在场检查监督；焊接地点前后两端各 10 m 的井巷范围内，应是不燃性材料支护，并应有供水管路，有专人负责喷水。焊接工作地点应至少备有两个灭火器。

（5）井下严禁存放汽油、煤油和变压器油。井下使用的润滑油、棉纱、布头和纸等，必须存放在盖严的铁桶内。用过的棉纱、布头和纸，也必须放在盖严的铁桶内，并由专人定期送到地面处理，不得乱放乱扔。严禁将剩油、残油泼洒在井巷或硐室内。井下清洗风动工具时，必须在专用硐室进行，并必须使用不燃性和无毒性洗涤剂。

（6）井上下必须设置消防材料库。井上消防材料库应设在井口附近，并有轨道直达井口，但不得设在井口房内；井下消防材料库应设在每一个生产水平的井底车场或主要运输大巷中，并应装备消防列车。消防材料库储存的材料、工具的品种和数量应符合有关规定，并定期检查和更换；材料、工具不得挪作他用。

（7）井下爆破材料库、机电设备硐室、检修硐室、材料库、井底车场、使用带式输送机或液力偶合器的巷道以及采掘工作面附近的巷道中，应备有灭火器材，其数量、规格和存放地点，应在灾害预防和处理计划中确定。井下工作人员必须熟悉灭火器材的使用方法，并熟悉本职工作区域内灭火器材的存放地点。

（8）采用滚筒驱动带式输送机运输时，必须使用阻燃输送带，托辊的非金属材料零部件和包胶滚筒的胶料，其阻燃性和抗静电性必须符合有关规定，并应装设温度保护、烟雾保护和自动洒水装置。其使用的液力偶合器严禁使用可燃性传动介质。

（9）使用矿用防爆型柴油动力装置时，排气口的排气温度不得超过 70 ℃，其表面温度不得超过 150 ℃，各部件不得用铝合金制造，使用的非金属材料应具有阻燃性和抗静电性。油箱及管路必须用不燃性材料制造，油箱的最大容量不得超过 8 h 的用油量。燃油的闪点应高于 70 ℃，并必须配置适宜的灭火器。

（10）井下电缆必须选用经检验合格的并取得煤矿矿用产品安全标志的阻燃电缆。

（11）井下爆破不得使用过期或严重变质的爆破材料；严禁用粉煤、块状材料或其他可燃性材料作炮眼封泥；无封泥、封泥不足或不实的炮眼严禁爆破，严禁裸露爆破。

（12）箕斗提升井或装有带式输送机的井筒兼作进风井时，井筒中必须装设自动报警灭火装置和敷设消防管路。

第二节 电气火灾预防

随着我国煤矿采掘机械化和电气化程度的大幅提高，由电气设备引发的火灾事故的比例也逐年增加。根据统计资料，近几年我国煤矿发生的火灾事故中，电气设备引起的火灾约占 46%。大量的矿井电气火灾事故，给矿井安全生产带来了重大威胁。为了有效地预防矿井电气火灾的发生，减少因矿井火灾造成的巨大损失，应严格按照规范使用、检查和维护电气设备，加强对井下电气设备的管理，建立应急预案，加大宣传教育力度，提高矿井防灭火的应变和防治能力。

一、电气火灾产生的原因及主要特征

1. 电气火灾产生的原因

引起矿井电气火灾的原因是多种多样的，如短路、超负荷、接地故障、接触不良、漏电、静电和电气照明设备引起火灾等。

（1）短路。导线短路时，因有大量电流流过而使导体的发热特别快，只有几秒钟，有时更快些，导体就炽热了，并且可能烧着与其连接的绝缘、木支架、煤尘和邻近的可燃物品，造成火灾。在有瓦斯与煤尘爆炸危险的矿井，就可能引起爆炸事故。

（2）超负荷。电气设备由于长时间超负荷运转而发热，使电气设备中的线路失去绝缘，引起短路发火。超负荷运转时，电气设备的发热过程相对较慢，时间会稍长一些。

（3）接地故障。由于接地故障的漏电产生火花而引起火灾。

（4）接触不良。由于线路中接触不良导致接触电阻增大，过流发热而出现火花、电弧或燃烧火焰。实践证明，井下电缆与电缆或者电缆与设备的连接部分（接头）做得不好，往往是矿井巷道内因过流产生火灾最常见的原因。

（5）漏电。漏电是引起电气火灾的主要原因之一，而且更普遍更隐蔽。所使用的电气设备介电强度不够、电线绝缘材料性能不好或性能下降等，都容易发生漏电。另外，由于绝缘材料的性能下降是不能逆转的，因此漏电电流会逐渐加大，造成打火，引燃周围的可燃物而形成电气火灾。

（6）静电。在井下，静电的产生可能是因为砂砾或其他含在压缩空气中的混合物与橡胶管、金属管壁相摩擦，胶带与轮子摩擦，橡胶带在带式输送机卷筒上摩擦等，从而产生电弧及火花。静电的电压能达到极高的值（数万甚至数十万伏），极易引起瓦斯爆炸与火灾。

（7）电气照明设备引起火灾。井下如果不很好地处理照明灯罩上覆盖的煤尘，有时也能引起火灾。细小的煤尘由于堆积在电灯的灯脖上或玻璃罩上，阻碍照明设备内部热量的扩散，当温度升高到一定程度就有可能致使煤尘发火。

2. 电气火灾的主要特征

（1）隐蔽性强。由于漏电与短路通常都发生在电气设备内部及电线的交叉部位，因此电气起火的最初部位是看不到的，只有当火灾已经形成并发展成大火后才能看到，但此时火势已大，再扑救已经很困难。

（2）随机性大。矿井中电气设备布置分散，发火的位置很难进行预测，并且起火的时间和概率都很难定量化。正是这种突发性和意外性给矿井电气火灾的管理和预防都带来一定难度，并且事故一旦发生容易酿成恶性事故。

（3）燃烧速度快。电缆着火时，由于短路或过流时的电线温度特别高，导致火焰沿着电线燃烧的速度非常快。另外再借助巷道风流及其他助燃物质，使燃烧速度也大大加快。

（4）扑救困难。电线或电气设备着火时一般是在其内部，看不到起火点，且不能用水来扑救，所以带电的电线着火时不易扑救。此外，井下巷道多，电气线路布局错综复杂，给火灾扑救也带来难度。

（5）损失程度大。电气火灾的发生，不但直接导致电气设备本身的损坏，而且还会殃及井下众多生产设备。另外，电气火灾也会引发其他一系列的矿井事故，损失更为重大。

二、预防电气火灾方法

1. 电气火灾的预防对策

1）严格执行《煤矿安全规程》中的电气设计及防火的要求

（1）井下电气设备的选用和安装要严格按照规程进行。在特定的工作场所，如在井下存在瓦斯、煤尘等易燃、易爆场所，必须按照专业的安全规程选用特制的电气设备，如隔爆型电气设备，以保证使用的安全性。为了防止电缆起火，必须选择矿用阻燃电缆。电缆线路的连接和敷设要严格按照规范进行，不允许盘圈成堆或压埋送电，在使用过程中防止线路超负荷，以避免出现短路失火等现象。

（2）加强对井下电气设备的管理，做好日常的检查和维护工作。井下的各种电气设备，要严禁超负荷运转，确保电气设备的正常使用。同时也要防止因设备内部的故障等原因导致设备起火。要定期检查电缆线的绝缘程度及设备的运行完好状况，并做好相应记录。此外，应经常加强对矿井职工安全用电教育，防止人为致使电气设备及线路的机械损伤致使漏电短路而引起火灾等现象。

（3）矿井电气设备要有过流、过压、漏电和接地保护措施。井下高压电动机、动力变压器的高压控制设备，应具有短路、过负荷、接地和欠压释放保护。在井下由采区变电所、移动变电站或配电点引出的馈电线上，应装设短路、过负荷和漏电保护装置。低压电动机的控制设备，应具备短路、过负荷、单相断线、漏电闭锁保护装置及远程控制装置。井下配电网路均应装设过流、短路保护装置。电压在 36 V 以上和由于绝缘损坏可能带有危险电压的电气设备的金属外壳、构架、铠装电缆的钢带（或钢丝）、铅皮或屏蔽护套等必须有保护接地。

2）加强矿井电气管理，提高防火意识

（1）建立健全井下各项规章制度。井下电气工作人员要各司其职，做到每台电气设备都有专人负责。建立各种电气设备的操作规程，建立矿井电气设备的检修和维护制度，建立矿井电气事故的调查和处理制度、矿井职工持证上岗制度等，用制度来规范预防电气火灾的具体要求。

（2）加强安全用电教育，提高防火意识。

（3）进行专项整治工作，认真排查电气火灾事故隐患。

（4）建立矿井电气火灾应急预案，并进行必要的事故模拟演练。各矿井应当建立电气火灾的应急预案，并进行电气设备预防试验性事故演习，模拟电气事故处理演习，确保在一旦发生火灾的情况下，具有相应的扑救、避难、救援等具体防范措施。

3）应用新技术和新设备，提高防灭火能力

（1）应用火灾自动报警装置。目前，应用在电气防火的产品主要有防漏电报警系统、防过载报警系统、电缆温度报警系统等类型，其特点是能准确地探测到电缆线路的异常状态，通过处理将信息提供给维护人员，这样可以将电气火灾的隐患消灭在萌芽状态。

（2）积极开展对矿井电气火灾发生、发展机理和规律的研究，不断研究开发矿用火灾报警设备、灭火设备和逃生设备；使矿井电气火灾在预防、监测和扑救三方面，实现立体化的防治措施。

2. 电气火灾预防措施

统计资料表明，电气火灾的主要起因是电气设备、电缆接线盒等故障，而与设备相连的电缆被引燃则是火灾扩大的主要原因。此外继电保护装置失灵，设备和电缆的阻燃性差，无火灾监测装置、现场灭火装置长期闲置失效等因素，也是造成井下重大火灾的间接因素。为此，应采取如下预防措施：

（1）及时掌握井下供电系统的阻抗，计算、校验高低压电气设备及电缆的动稳定性和热稳定性，校验和整定供电系统中的各级继电保护，使之灵敏、快速、可靠。装设完善的选择性漏电保护装置。

（2）按照允许温升的条件，正确选择、使用和安装电气设备及电缆。

（3）为了防止低压电网的短路和过负荷引起火灾，必须使用熔断器、限流热继电器、电动机综合保护等保护装置。使用熔断器时，应注意熔体额定电流与电缆最小截面的配合；使用限流热继电器时，应注意热元件的选定和电磁元件的整定；使用电动机综合保护时，应特别注意根据所保护电动机的额定电流来选定保护装置的分档和刻度电流，并注意短路保护的灵敏度校验。

（4）电气设备与电缆连接部分的接点不应松动，在运行中应经常检查和修理。橡套软电缆损坏处的修理应该用热补。高压电缆接线盒应采用经鉴定推广的冷浇注电缆胶，取代易碎裂的沥青电缆胶；运行中需要经常拆开的橡套电缆接头，必须使用插销连接。

（5）变压器油应定期取样试验，其绝缘性能降低时，必须经过过滤和再生处理，提高其绝缘性能，并经耐压试验后，才能使用。

（6）井下照明灯必须有保护罩或使用冷光源的日光灯等。

（7）在煤矿井下低压系统中必须使用不延燃橡套电缆。

三、电气火灾事故案例

某矿井下四采区变电所发生一起特大电气火灾事故，造成 30 人死亡，直接经济损失198.8 万元。

1. 事故发生及抢险救灾经过

10 月 29 日 3 时左右，井下调度员在四采区变电所以里绞车处发现变电所有浓烟冒出，烟雾很大，于是跑到通往三采区的大巷交叉点电话处向地面调度汇报，要求停电停风。3 时 20 分，地面调度接到报告后，马上通知电工停止地面主要通风机运转和停止向井下供电；并向主管安全的副矿长和矿长做了汇报。该煤矿随即逐级上报并通知矿务局救护队紧急救援。

事故当班井下 82 人工作，其中四采区 35 人，其他地点 47 人。

该矿有关负责人于 4 时 50 分带领第一批矿山救护队员下井抢救，在四采区回风平巷风门位置发现 21 名遇难人员。7 时 10 分，第二批入井的矿山救护队员也赶到出事地点，经过 40 min 左右的抢救工作，将 21 名遇难人员运送到三采区上部车场。随后，救护队继续探察，寻找其他遇险人员。第二日凌晨 3 时 30 分发现探察巷道发生大冒顶，其他巷道充满浓烟无法前进。根据井下瓦斯涌出量较小的情况，地面总指挥部决定采取反风措施。5 时 10 分，开始反风；6 时 5 分，14 名救护队员下井搜索遇险人员；7 时 40 分，救护队员在四采区回风平巷找到另外 9 名遇难人员，并运送到三采区上部车场；11 时 30 分，将井下所有遇难人员抬出地面。至此，整个抢救工作结束，矿井恢复正常通风，但火灾引燃的木支架和部分煤体仍在燃烧。

2. 事故原因

1）直接原因

四采区变电所变压器超负荷运行（所安设变压器容量为 320 kV·A，而其供电负荷为

347.7 kW，变压器长期满负荷和超负荷运行，导致电缆加速老化、绝缘性能降低、温度升高），变压器低压侧接线错误，导致距接线端子 500 mm、距地板 100 mm 高处的橡套电缆短路，产生电弧火花，点燃积存在地板上的高压防爆配电箱漏出的绝缘油及渗漏在地板上的变压器油。

2）主要原因

（1）四采区既无采区开采设计也无采区变电所设计，只有一个方案草图和施工进度排队表，未对采区供电作设计计算，也未进行变电所内的高低压馈电开关过负荷保护整定值的计算；同时，变电所也没有按规定安设防火铁门和配备灭火器材，致使起火初期不能及时扑灭和采取其他措施消除灾害。

（2）机电管理混乱，矿井无机电设备维护检修制度。变压器低压侧每 1 个接线柱上错误地压接 3 根线的现象长期存在，造成了严重的事故隐患；采区变电所未设专人值班，也没有制定值班人员巡回检查制度；未能及时发现并解决因采区变电所高压防爆配电箱油箱油堵松动、绝缘油流尽的问题；未及时彻底清除渗漏在地板上的变压器油渍。

（3）日常安全检查不力。入井人员未能按规定随身携带自救器，致使发生火灾后，遇险人员不能自我保护。

（4）机电专业人员配备不足。该煤矿机电专业的管理力量薄弱，全矿只有生产科副科长是普电专业人员，其他电工技术不熟练，导致电气隐患得不到及时排除。

第三节　带式输送机火灾防治

随着矿井机械化程度的不断提高，带式输送机在煤矿的应用越来越广泛，带式输送机引发的火灾也越来越多。尽管阻燃胶带逐步普及，但在外来火源的作用下，阻燃胶带仍会燃烧，因此仍需加强带式输送机火灾的防治。

一、胶带燃烧的特性

胶带燃烧后会产生大量的有毒有害气体，其中危害性最大的两种气体是氯化氢和一氧化碳。燃烧的强度和胶带表面积越大，产生的有毒有害气体就越多。

我国煤矿现在使用的阻燃胶带的结构主要分为织物纤维芯与钢丝绳芯两大类，其中织物纤维芯又分为整体编织芯体和分层叠合芯体两种。包裹和覆盖芯体的胶带材料主要有聚氯乙烯塑料（PVC）、氯丁橡胶（CR）和在 PVC 输送带表面覆盖一层 CR 胶（PVG）3 类。我国煤矿所用的胶带以聚氯乙烯居多，该胶带中含有大量高分子氯聚合物，在环境温度接近 180 ℃时会发生热解反应，产生氯化氢气体。在初期燃烧阶段，氯化氢气体释放率最高，其释放率取决于聚氯乙烯胶带的含氯量、燃烧速率、可燃物数量及与火源的距离等。聚氯乙烯热解时还会因为加入增塑剂而产生大量的一氧化碳和碳氢化合物。聚氯乙烯胶带燃烧初期，一氧化碳生成量较少，但当温度超过 400 ℃时，紧接着生成氯化氢阶段将产生大量一氧化碳。因此在火灾初期，生成物毒性以氯化氢为主，在火灾发展阶段，生成物毒性以氯化氢和一氧化碳为主。

因为带式输送机往往布置在进风巷中，因此一旦发生火灾扑救不及时，胶带燃烧产生的大量氯化氢和一氧化碳就会随风流迅速扩散到下风侧各作业地点，危及工作人员的生命安全。

二、带式输送机火灾监测

为测报和扑灭带式输送机的火灾,必须安装带式输送机火灾测报和灭火系统。该系统可用于监测和扑灭带式输送机火灾,并可与矿井环境监测系统联机。它由速差、温度、烟雾等传感器及电源控制箱、灭火控制阀和水喷雾系统组成,对矿井带式输送机进行监测、报警、断电和自动喷雾灭火。矿用输送机自动防灭火装置,由单片微机实现信号采集及数据处理、存储、显示和有选择地输出指令及相应执行元件动作的全部自动化,具有预警、报警、断电、喷水冷却灭阴火和喷泡沫灭火等功能。

根据带式输送机火灾的特点,研制出了带式输送机火灾监测灭火系统,目前主要有以下两种:

(1) MPZ-1 型矿用带式输送机自动灭火装置。煤炭科学研究总院重庆分院研制的 MPZ-1 型矿用带式输送机自动灭火装置由电源及控制箱、手动阀、供水压力传感器、电磁阀、温度传感器、紫外线火焰探测器、声光报警器、一氧化碳传感器、速差传感器、水喷射灭火管路系统、泡沫喷射灭火管路系统、泡沫罐等组成。

该装置已在河北峰峰、辽宁铁法、辽宁阜新、河南平顶山和四川松藻、山西潞安等矿务局推广使用。

(2) DMH 型矿用带式输送机自动灭火装置。煤炭科学研究总院抚顺分院研制的 DMH 型矿用带式输送机自动灭火装置由传感器、主机、电源、控制箱及灭火装置(电磁阀、控制阀、洒水喷雾喷头、电控引发干粉灭火弹)等部分组成。火灾探测器有 DMH-T-1 型探测器、DMH-T-2 型探测器和 KG8006-8 型感烟传感器 3 种。

三、带式输送机火灾原因及处理方法

国内外多次发生过带式输送机火灾事故,造成众多人员伤亡和财产损失。由于带式输送机是靠摩擦力传递动力的运输设备,当因巷道冒顶、片帮、输送机出现严重过载、转换地点积煤过多或胶带跑偏、驱动滚筒与胶带间过度打滑、托辊不转等原因造成摩擦生热,都易引发火灾。

为避免带式输送机火灾,采用滚筒驱动带式输送机时必须使用阻燃胶带,托辊的非金属零部件和包胶滚筒的胶料的阻燃性和抗静电性必须符合有关规定;必须装设驱动轮防滑保护、烟雾保护、温度保护、堆煤保护装置和自动洒水装置,其使用的液力偶合器严禁使用可燃性传动介质;必须装设防跑偏装置、过速保护、过电流和欠电压保护、过载保护和输送带脱槽保护等装置;保证安装质量,加强维护,改善装载条件等。

四、带式输送机火灾事故案例

1. 概况

某矿为年产 450×10^4 t 的特大型矿井,立井开拓方式,现主要生产水平是-440 m 水平和-350 m 水平,井下煤炭运输全部胶带化,共有 11 部固定带式输送机,总长 11020 m。矿井通风方式为中央并列与对角混合式,低瓦斯矿井。

11 月 30 日 14 时 10 分,该矿中央带式输送机巷发生一起重大火灾事故,烧毁宽度为

1 m 的胶带 70 m，动力及信号电缆 500 m，30 m 巷道的木背板烧尽。烟雾波及七、九两个采区，受灾人员 138 人，其中 5 人中毒较重住院治疗。这次事故给职工的生命造成了严重威胁，给矿井造成了严重经济损失。但是发生这类火灾，并且发展到如此规模，灾害范围内人员如此之多，而未发生人员死亡，实属罕见。对这次事故发生的原因及处理过程作进一步剖析，有许多教训与经验值得总结和吸取。

发生事故的中央带式输送机巷是 -440 ~ -350 m 水平的主要运输巷，运输长度为 1471 m，高差为 104 m，安装两部 DTⅡ810/2×220 型带式输送机，带宽为 1 m，带速为 3.15 m/s，运输能力为 800 t/h。第一部带式输送机运距为 970 m，升高 42 m，应用 PVC-1250 型胶带。第二部带式输送机运距为 501 m，升高 62 m，胶带是自法国引进的 E 型胶带。巷道倾角为 6°，第一部带式输送机巷及第二部带式输送机机头硐室均为砌碹支护，第二部带式输送机巷为 U 型钢木背板支护。中央带式输送机巷风量为 615 m³/min，风速为 1.8 m/s，是七、九采区的主要进风巷，如图 4-1 所示。

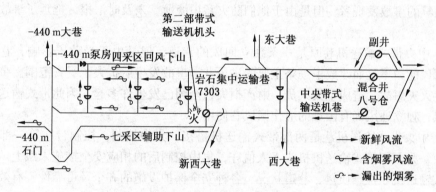

图 4-1 某矿带式输送机火灾

2. 事故经过

11 月 30 日 14 时 30 分，矿调度室接到 -440 m 泵房人员汇报 -440 m 水平有烟雾，调度员当即向矿有关领导汇报，在随后从井下不同地点向调度室的汇报中判断，是中央带式输送机巷发生火灾。矿领导当即命令将 -440 m 水平及九采区所有人员立即从不受烟雾威胁的东大巷及六采区撤出，并先后通知了矿救护中队及局救护大队救灾。14 时 45 分救护队赶到着火现场，发现第二部带式输送机机头处火势猛烈，浓烟滚滚。救护队当即分开，一个小队用携带的灭火器和现场的消防供水系统直接灭火，其余救护人员进入灾区抢救遇险人员。经救护人员及其他干部职工的全力奋战，遇险人员于 16 时 30 分全部撤出或被救出，18 时明火被基本扑灭，21 时余火被彻底清理干净，救灾工作结束。

3. 事故原因

经过事故后的现场勘察分析，发生这次事故的直接原因如下：中央带式输送机巷的第二部带式输送机是两台电动机拖动，里侧电动机的输出轴发生断裂，由于该电动机与减速箱间的液力偶合器与电动机是孔轴配合连接，与减速箱是弹性销连接，电动机轴断裂后液力偶合器失去支撑，其在另一台电动机经传动滚筒、减速箱的带动下作高速偏心旋转，与滚筒发生碰撞、摩擦，将液力偶合器碰破，其中的润滑油被抛出，被摩擦火花点燃，瞬间发生大火。

4. 经验及教训

(1) 没有执行《煤矿安全规程》关于"液力偶合器不准使用可燃性传动介质"的规定，使用了透平油作介质，使火花先点燃了油，火势迅速扩大成灾。

(2) 未按《煤矿安全规程》规定使用阻燃胶带，油引燃了第二部带式输送机的胶带，扩大了事故的影响范围。而与第二部带式输送机搭接的第一部带式输送机使用了阻燃胶带，尽管两部带式输送机搭接处的第二部带式输送机的胶带完全燃尽，但是第一部带式输送机的胶带一点也未燃烧。因此，矿井的日常管理中要摆正效益与安全的关系，保证设备、材料的必要更新、投入，坚决更换不符合规程规定的设备、材料。

(3) 部分人员的防灾意识淡薄。带式输送机司机 14 时 10 分开车，14 时 12 分就发现第二部带式输送机的烟雾报警器报警并自动停车，但是司机误认为是误动作，未及时向队或矿调度室汇报，仅向当班班长（另一部带式输送机司机）做了汇报。第二部带式输送机机尾的放煤工发现灾情后未及时向调度室汇报，而是急于逃生。带式输送机司机和放煤工应是最早的事故发现者，但是由于他们防灾意识淡薄，未及时汇报，拖延了事故的抢救时间。

(4) 中央带式输送机巷原是一条独立回风的巷道，但是由于受动压影响，巷道断面缩小，回风能力不足而改成了一条主要的进风巷，事故发生后扩大了受灾范围。带式输送机巷发生火灾事故，造成重大人员、财产损失，全国已发生许多起，因此带式输送机巷应独立通风，独立通风确有困难的应作回风巷使用。

(5) 中央带式输送机巷是两部带式输送机搭接，集中控制，控制台在第一部带式输送机机头，第二部带式输送机机头无人值守，集中控制后的相应安全措施未跟上。集中控制的带式输送机在检修质量、巷道状况、各种安全保护设施的齐全及可靠性、有效性上有特殊的要求，而这部带式输送机集中控制后未采取特殊措施。

(6) 带式输送机重要部件探伤要制度化。从这次事故看，带式输送机的重要部件（如电机轴、滚筒轴等）要定期探伤，一是防止疲劳损伤，二是防止使用不合格产品。

(7) 矿调度室在接到事故汇报后，根据事故的性质和事故发生地点及"矿井灾害预防与处理计划"中的救灾要求，立即下达了让可能受灾人员立即沿正确路线撤出的命令，命令果断正确，使灾区人员减少了受灾时间。

(8) 救护队应战迅速，作战英勇，接到事故通知后仅 15 min 即到达现场开始灭火、救人，为灭火赢得了宝贵的时间，并将七采区轨道下山被熏倒的人员及时救出，避免了人员伤亡。

(9) 该矿的基层管理人员及通防管理人员素质较高，在发生事故后，能正确组织受灾人员戴好自救器沿正确路线迅速撤离。离井口最远的九采区三分区泄水巷掘进工作面人员，在队长的带领下，绕道沿九采区煤层下山撤出，九采区三分区轨道巷掘进工作面人员在瓦斯检查员的带领下绕道沿九采区 −350 m 水平撤出。这些避灾路线尽管距离较远，但是基本不受烟雾侵害，他们虽然离井口最远，上井的时间最长，但是无一人中毒。

(10) 带式输送机巷的消防供水系统设施完好，供水充足，为迅速扑灭火灾创造了条件。中央带式输送机巷设有 ϕ50 mm 供水管，水压达 3 MPa 以上，每 50 m 设有一个三通阀门，并且备有 25 m 胶管，救护队到达现场后用现场的消防设施即可开展灭火工作。

复习思考题

1. 什么是外因火灾？它有什么特点？
2. 外因火灾的引火源有哪些？
3. 简述电气火灾的原因及预防方法。
4. 简述带式输送机产生火灾的原因及处理方法。

第五章　矿井火灾处理

第一节　火灾处理的基本要求

由于矿井火灾发生的地点不同、原因不同，所以采用的处理方法也就不同。矿井火灾既有其规律性，也有其特殊性，所以处理时既要有原则性，又要有灵活性。矿井火灾的发生必须同时存在热源、可燃物以及供给空气，并相互结合，缺一不可。矿井火灾处理就要除掉其中一个、两个或者全部要素。

一、对现场人员的基本要求

（1）井下任何人发现井下火灾时，应视火灾性质、灾区通风和瓦斯情况，立即采取一切可能的方法直接灭火，控制火势，并迅速报告矿调度室。

（2）采用照明信号及电话等手段迅速通知附近的作业人员。照明信号一般采用多次切断照明电源的办法。所有井下工作人员都必须知道安装电话机的地点。

（3）如果火灾范围大或火势猛，无力抢救并且人身安全受到威胁时，应立即撤退到有新鲜风流的安全地区。

二、对受火灾威胁人员撤退灾区时的基本要求

（1）首先要尽最大的可能迅速了解或判明事故的性质、地点、范围和事故区域的巷道情况、通风系统、风流及火灾烟气蔓延的速度、方向以及与自己所处巷道位置之间的关系，并根据《矿井灾害预防和处理计划》及现场的实际情况，确定撤退路线和避灾自救的方法。

（2）撤退时，任何人在任何情况下都不要惊慌，不能狂奔乱跑。应在现场负责人及有经验的老工人带领下有组织地撤退。

（3）位于火源进风侧的人员，应迎着新鲜风流撤退。

（4）位于火源回风侧的人员或是在撤退途中遇到烟气有中毒危险时，应迅速戴好自救器，尽快通过捷径绕到新鲜风流中去，或在烟气没有到达之前顺着风流尽快从回风出口撤到安全地点；如果距火源较近而且越过火源没有危险时，也可迅速穿过火区撤到火源的进风侧。

（5）如果在自救器有效作用时间内不能安全撤出，应在储存备用自救器的硐室换用自救器后再撤退；或是寻找有压风管路系统的地点，以压缩空气供呼吸之用。如不具备上述条件，可用湿毛巾捂住嘴和鼻子。

（6）撤退行动既要迅速果断，又要快而不乱。撤退中应靠巷道有连通出口的一侧进行，避免错过脱离危险区的机会，同时还要随时注意观察巷道和风流的变化情况，谨防火

风压可能造成的风流逆转。人员之间要互相照应，互相帮助，团结友爱。

（7）如果无论逆风或顺风撤退，都无法躲避着火巷道或火灾烟气可能造成的危害，则应迅速进入避难硐室；没有避难硐室时应在烟气袭来之前，选择合适的地点（独头巷、硐室或两道风门之间）就地利用现场条件，快速构筑临时避难硐室，进行避灾自救。

（8）逆烟撤退具有很大的危险性，一般不采取这种做法。除非是在附近有脱离危险区的通道出口，而且又有脱离危险区的把握时，或是只有逆烟撤退才有争取生存的希望时，才采取这种撤退方法。

（9）撤退途中，如果有平行并列巷道或交叉巷道时，应靠有平行并列巷道或交叉巷道口的一侧撤退，并随时注意这些出口的位置，尽快寻找脱险出路。在烟雾大、视线不清的情况下，要摸着巷道壁前进，以免错过连通出口。

（10）当烟雾在巷道里流动时，一般巷道空间的上部浓度大、温度高、能见度低，人也更严重，而靠近巷道底板的情况要好一些，有时巷道底部还有比较新鲜的低温空气流动。为此，在有烟雾的巷道里撤退时，在烟雾不严重的情况下，即使为了加快速度也不应直立奔跑，而应尽量躬身弯腰，低着头快速前进。如烟雾大、视线不清或温度高时，则应尽量贴着巷道底板和巷道壁，摸着铁道或管道等爬行撤退。

（11）在高温浓烟的巷道撤退时，还应注意利用巷道内的水，采用浸湿毛巾、衣物或向身上淋水等办法进行降温，或是利用随身物件等遮挡头面部，以防高温烟气的刺激等。

（12）在撤退过程中，当发现有发生爆炸的前兆时（当爆炸发生时，巷道内的风流会有短暂的停顿或颤动，应当注意的是这与火风压可能引起的风流逆转的前兆有些相似），有可能的话要立即避开爆炸的正面巷道，进入旁侧巷道，或进入巷道内的躲避硐室；如果情况紧急，应迅速背向爆源，靠巷道的一帮就地顺着巷道爬卧，面部朝下紧贴巷道底板，双臂护住头面部并尽量减少皮肤的外露部分；如果巷道内有水坑或水沟，则应顺势趴入水中。在爆炸发生的瞬间，要尽力屏住呼吸或是闭气将头面浸入水中，防止吸入爆炸火焰及高温有害气体，同时要以最快的动作戴好自救器。爆炸过后，应稍事观察，待没有异常变化迹象后，要辨明情况，沿着安全避灾路线，尽快离开灾区，转入有新鲜风流的安全地带。

三、对进入避难硐室待救人员的基本要求

（1）进入避难硐室前应在硐室外留有衣物、矿灯等明显标志，以便其他人员营救时能及时发现。

（2）进入避难硐室后要将硐室出入口严密封堵，以防有害烟气侵入，要充分利用避难所的水管、压气及各种仪器材料等条件维持生存。

（3）要定期或不定期地敲击钢轨、管道和岩石等，发出有规律的求救信号，力争与外部营救人员取得联系。

（4）经常观察或检查避难所及其附近的烟气、温度、风流等的变化，发现危及人员安全的情况时，要及时排除或撤到安全地点。

四、对矿领导的基本要求

（1）矿长是处理火灾事故的全权指挥者，在矿其他领导的协助下，制定营救人员和

处理火灾事故的作战计划。因此，火灾事故发生后，矿长必须立即组织人员进行抢救。

（2）总工程师作为火灾事故处理时矿长的第一助手，应在技术上为矿长制定处理计划、营救方案提供支持。

（3）副总工程师可根据救灾指挥部的命令负责抢救过程中某一方面的技术工作。

（4）副矿长根据营救遇险人员和处理事故的作战计划，负责组织为处理事故所必需的人员，及时调集救灾所必需的设备、材料，并由指定的副矿长严格控制入井人员，签发抢救事故用的入井特别许可证。

（5）矿山救护队队长对矿山救护队的行动具体负责，全面指挥，领导矿山救护队和辅助救护队，根据营救遇险人员和处理事故作战计划所规定的任务，完成对灾区遇险人员的救援和事故处理。如果与外部矿山救护队联合作战，应成立矿山救护队联合作战部，由事故所在单位的救护队长担任指挥，协调各救护队的战斗行动。

（6）驻矿安监处（站）处（站）长应对整个抢险救灾过程的安全及入井人员的控制等情况进行监督。

五、对矿调度室的基本要求

（1）矿调度室值班人员接到火灾汇报后，应详细询问发火地点，火源位置，火势大小，火烟侵袭区范围、温度、可见度等情况。

（2）迅速作出第一反应，立即通知停止灾区供电，并根据现场及火势，指挥、调度现场人员直接灭火。

（3）迅速通知受灾情威胁的人员按正确路线撤退。

（4）立即向矿领导及上级调度及领导汇报。

（5）迅速通知救护队及事故抢救、处理时涉及的有关部门、人员。

（6）迅速组织成立救灾指挥部。

第二节　火灾处理的安全技术措施

一、利用传感器推断火源位置的方法

在火灾发生之初，井下风流没有逆转的情况下，通过布置在井下不同位置的传感器（井下环境监测系统的终端）是否接收烟雾而报警和报警的时间差来推断火源的位置。

1. 定性推断法

若某些传感器位于火源下风侧，则烟流必将在一定时间后流入传感器所在位置致使传感器报警。若某些传感器不在火源下风侧，则该火源不会使这些传感器报警。因此，若有火灾发生，火源一定位于那些报警传感器向上风侧（进风侧）逆推的公共巷道中，而且火源一定不在那些未报警传感器向上风侧（进风侧）逆推的所有巷道中，即火源位于各报警传感器逆推的公共巷道减去其中根据各未报警传感器逆推的那些巷道以后所剩余的巷道中。

2. 定量分析推断法

从每一条存在火源的可疑巷道起，根据巷道的环境条件，假设其发生一定强度的火灾，分别计算烟流到达各报警传感器的时间，从而计算出各报警传感器的时间差；将该时

间差组合与矿井火灾发生时监测系统各传感器的实际测定报警时间差组合逐一对比，选择其中与实际报警时间差组合最接近的某一组合或几个组合所对应的一条或数条可疑着火巷道，作为推测的火源位置。

图5-1所示为某压入式通风矿井，井下所标注的Ⅰ、Ⅱ、Ⅲ、Ⅳ位置设置瓦斯、一氧化碳传感器，其中Ⅰ、Ⅱ、Ⅲ位置的一氧化碳传感器在不同时间报警，第Ⅳ位置的一氧化碳传感器未报警，现简要说明应用定性推断法与定量分析推断法推断火源位置的过程。

根据3个位置报警传感器所在巷道，由定性推断法分别向上风侧逆推可能的烟流流经巷道，对应于3个位置的报警传感器的公共巷道为巷道45、2、5、6、10。注意，位于同一区域的巷道9和15若发生火灾，在初期，风流未紊乱流动时，不会有烟流至位置Ⅰ的传感器使之报警，所以巷道9和15是非公共巷道。对应于Ⅳ位置的非报警传感器中的公共巷道2、45应排除。最后经定性分析获得可疑着火巷道为巷道5、6、10。

然后假设巷道5、6和10发生火灾，应注意巷道6和10串联。因此，若巷道6或10发生火灾，Ⅰ、Ⅱ、Ⅲ位置的传感器报警时间差是一致的，无法进一步推断是巷道6还是10发生火灾。但是，可疑着火巷道5与巷道6和10比较，由于烟流流经路线不同，对应的传感器的计算报警时间差组合不同。对应于巷道5或对应于巷道6和10的计算报警时间差两组合，分别与实测报警时间差组合比较。若巷道5对应的计算组合与实测相近，说明火灾发生于巷道5。

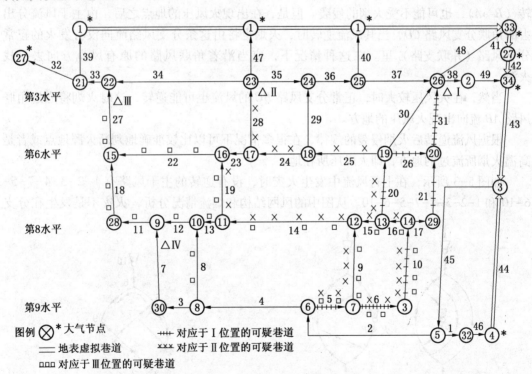

图5-1　矿井火灾火源位置推断示意图

二、根据烟流方向确定火区火源位置技术

当井下发生火灾后，就要对火区进行侦察，弄清火源位置、火灾性质、范围、蔓延方

向和速度，同时查明火区巷道情况，寻找可能接近火源的最安全路线，为采取灭火措施提供依据。

火灾发生初期，火势不大时，在不妨碍人员呼吸的条件下，可逆风流方向，根据火灾的气味或轻烟流动方向去寻找火源。

当火灾持续了一段时间，火势较大，产生的火灾气体已经有害于人员的呼吸或空气温度较高时，应从新鲜风流进入寻找火源。

当火势很大，产生的火风压较大，发生了风流逆转现象，矿井部分地区通风系统遭到破坏，火烟已经弥漫井巷时，则需根据火灾大致发生的地点、火烟的流动方向，按风流逆转规律去寻找火源位置。此时人员一定要格外小心，寻找合适的方向、路线进入，并靠近火源点，避免被高温气体灼伤或气体中毒等危害。

1. 上行风流中发火时根据烟流方向确定火源位置的方法

上行风流中发生火灾时，火风压方向与主要通风机风压方向一致，如图 5-2a 所示。在风流已经反向了的并联分支里，火烟向主干风流（无逆转）的方向流动，并且与新鲜风流汇合重新返回火源，此时，侦寻火源位置的人员应从新鲜风流方向进入，然后沿火烟流入的方向去寻找火源位置。

在角联风路里风流逆转后，由于角联风路在火源前、后的相对位置不同，受火烟侵袭的影响也不同（图 5-2b）。角联风路 AB 如果是处在出现火风压的地点之前，即使风流逆转（B→A），也可能不受火烟的侵袭。但是，在出现火风压的地点之后，由主干风流分出去的角联分支风路 CD，当其风流逆转时，火烟也将由这条分支风路流向没有发火的正常分支风路（并联支路）里。在这种情况下，应当沿着角联风路的原有风流方向去寻找火源。

当然，在火风压较大时，正常分支风路 BC 的风流也可能逆转，这时火烟将通过角联风路 AB 流向出现火风压的地方。

根据风流逆转后火烟侵袭的规律，在很多情况下可以比较准确地判断火源地点或者是高温火烟所流过的地方，即火风压所在地。

如图 5-3 所示，在上行风流中发生火灾时，没有逆转的主干风路有 1-2-3-4-7-5-6-10 和 1-2-3-8-7-5-6-10。从图中的风网结构和烟流情况分析，火灾不是发生在分支

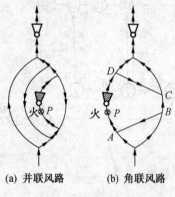

(a) 并联风路　　(b) 角联风路

图 5-2　上行风流中发火时
风流逆转

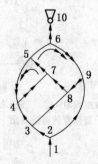

图 5-3　上行风流中发火时根据
烟流方向确定发火地点

风路7-5里，就是发生在分支风路5-6内。风流6-9和9-8的逆转，则说明火灾也可能发生在分支风路8-7、7-5或5-6中。而风流5-4的逆转，则表明在分支风路4-7和7-5内可能发生了火灾。相反的，它否定了在分支风路5-6和8-7内发生火灾的可能性，则火灾必然发生在分支风路7-5里。

2. 下行风流中发火时根据烟流方向确定火源位置的方法

下行风流中发火时，火风压方向与主要通风机风压方向相反，如图5-4a所示。主干风流可能反向，火烟则从主干风流流向旁侧风流。因此，应当沿着火烟流出的巷道去寻找火源。

如果在火源的前面有一条角联风路 *AB*（图5-4b），在 *BP* 段上主干风流还没有逆转之前，*AB* 风流有可能反向。这支风流的反向就是主干风流有将要逆转的征兆。当角联风路 *CD* 在火源之后，而且在火灾的开始阶段就已受到火烟的侵袭，当火风压不断增大时，*CD* 风流反向也是可能的，甚至可能流过新鲜风流。

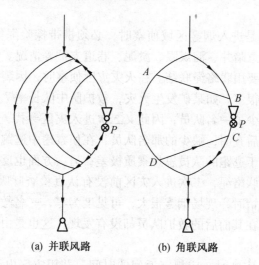

(a) 并联风路   (b) 角联风路

图5-4 下行风流中发生火灾时风流逆转

在各种情况下，一般都可根据火烟的流动方向来确定发火地点，寻找到它在哪一个分支风路里。图5-5a所示为火灾发生在6-7分支风路里，图5-5b所示为火灾发生在4-6分支风路里，图5-5c所示为火灾发生在4-3分支风路里。

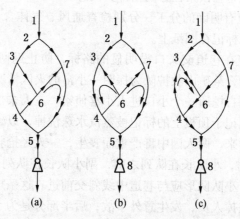

(a)   (b)   (c)

图5-5 下行风流中发生火灾时根据火烟流向确定发火地点

三、矿井火灾灾区侦察技术

井下发生火灾后，如火势较大，救护队在处理火灾事故之前，一定要先进入灾区进行侦察，然后根据侦察了解的情况，再确定具体的处理办法，切忌在没搞清火灾的具体情况下就盲目地进入火区。在井下侦察火灾情况时，在灾区没有遇险遇难人员的情况下，主要是勘察判定火灾的性质、火源位置、火灾范围、火势大小、温度高低、烟雾弥漫程度、火灾蔓延方向、灾区气体情况，以及通往火源的路线、火区巷道情况、现场消防器材、通风设备、电话通信设施配备状况等，并从火区采取气样。进行火区侦察时必须做到如下几点：

（1）在侦察前，要做好人力和物力的准备工作，选拔熟悉情况、有火灾处理经验的人负责侦察工作，侦察小队不得少于6人，进入前必须检查氧气呼吸器等佩戴装备的完好状况。

（2）进入灾区特别是进入烟雾区域侦察时，必须携带探险绳等必备装备，并做好定向标记。在行进时要注意暗井、溜煤眼、淤泥、巷道支护等情况。视线不清时，可用探险棍探测前进，队员之间要用联络绳联结。在火灾灾区侦察时，因装备不好，违反救护规程而酿成严重事故的例子很多。如某矿发生火灾，救护队中队长率7人进入灾区侦察，侦察结束返回基地时，发现少了一名队员，因此又二次进入灾区寻找，因氧气用尽，6名侦察人员不幸全部牺牲。事后查明，缺少的那名队员，在侦察途中逃跑到地面。之所以出现这样的事故，一方面是由于逃跑的队员思想素质极差；另一方面也反映出救护队在侦察过程中违反规定，没有携带联络绳，二次进入灾区前没有认真检查呼吸器内氧气量是否够用。又如某矿在侦察火区灾情时，现场烟雾很大，可见度为零，一名救护队员因呼吸器出现故障，倒在地上牺牲，而在其前后的救护队员却没有发现，这也是由于队员之间没有用联络绳联结造成的。

（3）侦察小队进入灾区时，应规定返回的时间，并用灾区电话与基地保持联络。井下救护基地应设待机小队，并用灾区电话与侦察小队保持联系。如果没有按时返回或通信中断，待机小队应立即进入救援。

（4）侦察小队进入灾区前，应考虑到退路被堵后应采取的措施。小队应按原路返回，如果不按原路返回，应经布置侦察任务的指挥员同意。

（5）侦察小队人员应有明确的分工，分别检查通风、气体含量、温度、顶板等情况，并做好记录，把侦察结果标记在图纸上。

（6）侦察行进中，应在巷道交叉口设明显的路标，防止返回时走错路线。这条规定也是有血的教训的。例如，某矿山救护队为探明一小窑的火区情况，一名小队长、一名副小队长带领一名队员，擅自挖通一个小口进入小窑侦察。三人未带探险装备，侦察时也未设明显标志。返回时发现记于顶板上的标记被蒸汽水珠洗掉，以致迷失了方向。经过数次寻找，也未发现出口。后来，两人因中毒严重而丧生，一人经抢救才幸免于难。

（7）进入火灾灾区时，小队长在队列之前，副小队长在队列之后，返回时与此相反。在搜索遇险遇难人员时，小队队形应与巷道中线斜交前进。这条规定中，前半部分是为了防止在情况复杂的灾区丢掉人员，发生意外事故；后半部分是为了有效地寻找遇险遇难人员。由于在灾区不按顺序行走，退出时不进行检查，有些救护队的教训非常深刻。例如，某矿山救护队处理一矿井火灾事故，完成火区侦察、取样任务后，忽视了这条规定，小队未整队退出，行走时队形非常混乱，首尾难顾，一名队员退至距基地208 m处的一个大冒落区时，不慎跌倒，摔掉口具后因无人抢救而丧生。

（8）在远距离和复杂巷道中侦察时，可组织几个小队分区段进行侦察。在侦察中发现遇险人员要积极进行抢救，并将他们护送到通风巷道或井下基地。在发现遇险人员的地点要检查气体，并做好标记。

（9）侦察工作要仔细认真，做到有巷必到，凡走过的巷道要标注留名，并绘出侦察线路示意图。某矿救护队在处理本矿事故进行侦察后，返回时由于记错了基地（基地也无明显标志），在灾区就脱掉了呼吸器口具，5名侦察队员相继中毒，而基地又未设待机小队，无人进入抢救，结果该小队5名队员全部丧生。

（10）侦察结束后，小队长立即向布置侦察任务的指挥员汇报侦察情况。

四、选定救护基地技术

在处理复杂的矿井火灾时，为及时供应救灾装备和器材，必须设立救护基地。根据需求不同，可设地面救护基地和井下救护基地。

地面救护基地至少应有保持3昼夜的氧气、氢氧化钙和其他消耗物资。救护装备和器材的存储数量应根据事故的性质、影响范围及参战救护队的数量规定。地面基地应有通信员、气体化验员、仪器修理工、汽车司机等人员值班。为保证地面救护基地正常有效地工作，由矿山救护工作领导人指定地面基地负责人。地面基地负责人的职责包括：按规定及时把所需要的救护器材储存于基地内，登记器材的收发与储备情况，及时向矿山救护队指挥员报告器材消耗、补充和储备情况，保证基地内各种器材、仪器的完好。

井下救护基地是前线救灾的指挥所，是救灾人员与物资的集散地，是救护队员进入灾区的出发点，也是遇险人员的临时救护站。因此，正确地选择井下救护基地关系着救灾工作的成败。

井下救护基地的选择应由矿井救灾总指挥根据灾区位置、灾区范围、类别以及通风、运输条件等予以确定，但必须满足以下要求：

（1）井下救护基地应设在不受灾区威胁，或不因灾情进一步扩大而波及的地区，但距灾区又要尽可能近，以便于救护队员进出灾区执行任务。

（2）井下救护基地应设在风流稳定的进风侧。

（3）井下救护基地要有一定的空间与面积，以保证救灾器材的储备。

（4）井下救护基地要设在方便运输，通风与照明良好的地点。

（5）井下救护基地不要选择在与灾区毫无联系的主要运输大巷、角联通风支路以及风速过大的巷道内。

（6）井下救护基地不要求自始至终地固定在一个地点，需视灾情的变化向灾区推移，或退离灾区，要多考虑几个备用基地以便于选择。

（7）井下救护基地指挥由指挥部选派具有救护知识的人员担任。井下救护基地应有矿山救护队指挥员、待机小队和急救医生值班，并设有通往指挥部和灾区的电话，备有必要的救护装备和器材，以及临时充饥的食物和饮料等，同时设有明显的灯光标志。

（8）在井下救护基地负责的指挥员应经常同地面救灾指挥部和正在灾区工作的救护

小队保持联系，观察基地通风和有害气体情况，与救灾无关的人员，一律不得进入基地。

（9）在处理火灾事故过程中，应根据需要，在有害气体积聚的巷道与新鲜风流交叉的新鲜风流中设立安全岗哨。站岗队员的派遣和撤销由地面指挥部决定。同一岗位至少由两名救护队员组成。站岗队员除有最低限度的防护装备外，还应配有各种气体检查仪器。其主要任务是阻止未佩戴氧气呼吸器的人员或非救灾人员进入灾区；将遇险人员引入新风区，必要时进行救治。

（10）当灾情突然发生变化，井下基地救护队指挥员应采取应急措施，并及时向指挥部报告。

五、保护井下人员的安全措施

井下发生火灾时，矿领导及有关人员的首要任务是保护井下人员的安全，即应迅速从危险区撤出与救灾无关的人员，同时采取一定的通风措施防止风流逆转而扩大灾情。

1. 从危险区撤出人员

危险区是指直接受到威胁的发火地点及其邻近的地区，以及烟气流向回风井所要经过的地区。因此，在这些地区工作的人员，除参加救灾工作的人员外，应当首先撤出。同时要撤出可能发生风流逆转而被烟气弥漫的危险地区的人员。所以编制"矿井灾害预防和处理计划"时，一定要考虑到井下任何地点发生火灾时，撤出遇险人员和有危险人员的最短和最安全的路线，向他们报警的方法，避灾路线等，并应根据井下巷道变化情况，及时修订避灾路线。矿井内发生火灾时，一般用照明信号及电话等手段通知井下人员。照明信号，一般采用多次切断照明电源的办法来通知有关人员。安装电话的地点，必须使所有井下人员都知道。

避难人员要迎着新鲜风流，选择安全的避灾路线，有秩序地撤离危险区，同时要注意风流的变化。当撤退路线已被火烟截断有中毒危险时，要立即戴上自救器，尽快通过附近风门进入新鲜风流内。确实无法撤退时，应进入附近避难硐室等待救援。如该处有压风管路，应打开阀门或设法切开管路，放出压风维持呼吸。对独头掘进工作面，如发现烟气从风筒出口处排入工作面时，应立即将风筒出风口扎紧，截住烟气，撤出险区。当人员无法撤退时，应静卧在巷道中无烟处等待救援。

在井下烟气弥漫的区域内，如仍有人员未撤出，或无法知道他们是否已撤出时，应考虑到他们可能在现有避难硐室或建筑了临时避难硐室，所以不能中断送向这些地区的压风。

为了使人员安全撤出灾区，必须控制风流，保证风流的稳定性，严防风流逆转。

2. 保护救灾人员的安全措施

由于火势发展一般较快，在选用某一种灭火方法之前，一定要首先考虑救灾人员的安全，防止救灾人员被高温气体烫伤、灼伤，避免火区现场出现烟气中毒事故，避免火灾现场发生瓦斯、煤尘爆炸事故。特别要考虑到，即使已封闭的火区，仍有在封闭区内发生爆炸的可能性。

所有能通往危险地带的风路都要设置警戒牌，在警戒区内除做灭火的有关工作外，不允许进行其他工作。

必须由专人负责检查矿井主要地点气体成分的变化，特别是在瓦斯矿井发生火灾时，检查矿井内气体成分尤为重要。因为在这样的矿井内，通风状态的变化有可能造成局部瓦斯超限，极易发生瓦斯爆炸事故。

当瓦斯浓度超限时，应立即撤出所有救灾人员，并立即加强通风，保障救灾人员的安全。

第三节 火灾时期风流的紊乱及控制

一、火风压及其特性

矿井火灾时期，一方面在火源点生成大量火灾气体以及风流受热后体积膨胀产生膨胀压力，对上风侧风流产生阻力作用，即节流效应，其方向始终与风流方向相反；另一方面，由于风流温度的升高，空气成分的变化，使空气密度减小，在有高差的巷道中出现风流自行上浮流动的现象，即浮力效应，其方向始终是向上的。

1. 火风压及其计算方法

火灾时高温烟流流过巷道所在的回路中的自然风压发生变化，这种因火灾而产生的自然风压变化量，在灾变通风中称为火风压。在如图5-6所示的模型化通风系统中，在 F 点发火，由于火源下风侧3-4风路的风温和空气成分发生变化，从而导致其密度减小，该回路产生火风压，根据火风压定义可知：

$$H_f = Zg(\rho_{ma} - \rho_{mg}) \tag{5-1}$$

式中 H_f——火灾时1-2-3-4-1回路的火风压，Pa；

Z——1-2-3-4-1回路的高差，m；

g——重力系数，N/kg；

ρ_{ma}、ρ_{mg}——3-4分支火灾前后空气和烟气的平均密度，kg/m^3。

由式（5-1）可见，所谓火风压就是指烟流流经有高差的巷道时，由于风流温度升高和空气成分变化等原因而引起的该巷道位能差变化值。

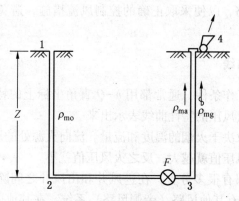

图5-6 模型化通风系统

2. 火风压的特性

（1）火风压产生于烟流流过的有高差的倾斜或垂直巷道中。高温火灾气体流经的井巷始末两端的标高差愈大，火风压值愈大。在水平巷道内，由于始末两端标高差很小，火风压极微小。当火源位于非水平巷道或高温火烟流经非水平巷道时，火风压值明显地表现出来。

（2）火风压的作用相当于在高温烟流流过的风路上安设了一系列辅助通风机。

（3）火风压的作用方向总是向上。因此，当其产生于上行风巷道时，作用方向与主要通风机风压相同；产生于下行风巷道时，作用方向与主要通风机风压相反，成为通风阻力，称之为负火风压。

（4）火势愈大，温度愈高，火风压也愈大。火烟温度对火风压值的大小起着重要作用。在火烟流经的路途上，各处的温度高低取决于下列主要因素：

①燃烧物本身的温度。此温度取决于燃烧物本身的燃烧程度。当空气供给充分，煤炭完全燃烧，生成二氧化碳时，燃烧温度可达 2500 ℃；煤炭不完全燃烧，生成一氧化碳时，燃烧温度约为 1400 ℃。实际上发生火灾的燃烧比较复杂，燃烧的生成物不止一种，一般井下发火处燃烧物体的温度常在 1000 ℃以上。

②火烟距火源的距离。在火灾烟气从火源处流向出风井的路途上，其温度逐渐降低。因此，离火源愈远，火烟气体的温度愈低。

③流经的火烟量。流过井巷的高温火烟量愈多，即流速愈大，其温度愈高，且高温火烟蔓延影响的范围愈远。如果将流向火源的风流截断或减少向火源处的供风量，可减少火源处产生的高温烟气量，从而减少井巷中的火烟流量，使井巷中的空气温度降低。

④测温点与火源间从旁侧风流中掺入的风量及其温度。在高温火烟流经的途中如果掺入低温风流，可使火烟温度降低；且掺入风流的温度愈低，风量愈多，则混合后的火灾气体温度降低的数值愈大。但是，只有当火烟温度已经低于它本身的着火温度，而且也低于它流经的巷道中物体的着火温度时才能采用。否则，在掺入新鲜空气的地方，不管是由于火烟本身发生燃烧，还是由于煤、坑木等发生燃烧，都可能产生再生火源。

由上述分析可知，在火烟流经途中，要降低火风压值，最可靠的措施是减少供给火源的风量，以减少火烟生成量。当矿内发生火灾时，火源及其烟气温度变化很大，要十分准确地计算火风压值很困难。但根据火风压的影响因素和原有的通风状况，判断由于火风压可能造成风流逆转的风路，以便采取正确的控制风流措施，避免事故扩大，则是完全可能的。

二、火风压的特性曲线

矿井主要通风机的工作条件，通常都用 h-Q 直角坐标上的特性曲线表示。在这个坐标上，同样可以把全矿火风压的特性曲线表示出来。

火风压的大小主要取决于火烟的温度和流量。流向火源处的风量越多，产生的火烟量越多，温度也越高，火风压值就越大，反之火风压值就小。

矿井通风系统通常都有很多分支，在进风井和出风井之间除了直接经过火源的风路（主干风路）系统外，还有其他风路（旁侧风路）系统。在其他风路系统上，虽然可能产生火风压，但一般很小。所以全矿井的总火风压值将和通风系统中的风量分配有关。当火灾发生在上行风流中时，如减少主干风流的风量，即可增加旁侧风流的风量，使总火风压值减小；相反，如减少旁侧风流的风量，即可增加主干风流的风量，使得总火风压值增大。因此，在密闭旁侧风路或密闭主干风路时，所产生的火风压大小是不同的。

1. 密闭旁侧风路时的火风压特性曲线

在旁侧风路中进行密闭，密闭得愈多，流经矿井的总风量就愈小，但流经火源的风量却愈大，所以火风压值愈大。如果用横坐标表示矿井总风量 Q，纵坐标表示矿井总火风压 $h_火$，这时的火风压特性曲线将是一条随风量增加而下降的曲线，如图5-7a 所示。

2. 密闭主干风路时的火风压特性曲线

如密闭主干风路，密闭得愈严密，流向火源的风量愈小，则矿井的总风量愈少，总火风压值也愈小。这时的火风压特性曲线将是一条随总风量的减少而下降的曲线，如图5-7b 所示。

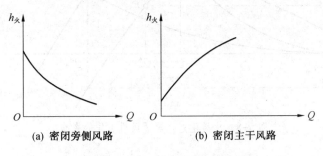

(a) 密闭旁侧风路　　　　　　(b) 密闭主干风路

图5-7　全矿井火风压特性曲线

因此，对于上行风流中的火灾，应尽快在通往火源的风路上建立密闭，才能迅速控制火势的发展和降低火风压。

三、火风压对主要通风机工作的影响

若发火时风流并没有被隔绝，总火风压与矿井主要通风机的风压作用方向相同时，则火风压值将随风量的增加而增加。此时，火风压对通风机工作的影响如同两台通风机串联工作。

如果曲线 $h_扇$ 表示主要通风机的特性曲线，曲线 $h_火$ 表示火风压的特性曲线，把纵坐标叠加起来以后，即 $h_扇 + h_火$，就可以得到两台通风机的合成特性曲线。火风压对主要通风机工作的影响如图5-8 所示。

如某矿井的等积孔为 A_1，发火前主要通风机工作点为 C 点，风压为 $h_扇$，通过的风量为 Q。发火后，通风机与火风压的联合作业点为 D 点，通风机工作点从 C 点移到 E 点。风量自 Q 增至 Q'，风压自 $h_扇$ 增至 h'，$h' = h'_扇 + h'_火$（$h'_扇$ 为发火后通风机的工作风压，$h'_火$ 为发火后的火风压）。在风量为 Q' 时，通风机的风压 $h'_扇$ 小于 $h_扇$，而功率的消耗自 N 增至 N'。

当火灾继续发展，矿井的等积孔为 A_2，$A_2 > A_1$ 时，主要通风机的风压就会下降到零，甚至是负值。如图5-8 所示，G 点表示主要通风机不但无助于通风，而且还给风流加上了一个阻力。在这种情况下，把风井打开和停止通风机运转是比较恰当的。也就是说，在上行风流中发火时，将会把主要通风机的工作点移向右方，同时主要通风机的风压也要下降，能量消耗增大。这样，对离心式通风机很可能会把电动机烧毁。

矿井火灾时期，通风机运转的可靠性非常重要，应当加强对主要通风机工作状态的观察和管理，特别是对离心式通风机尤其要注意防止烧毁电动机。把通往火源的风流密闭以及把通往能够出现较大火风压地方的新鲜风流密闭，都可以起到预防作用。

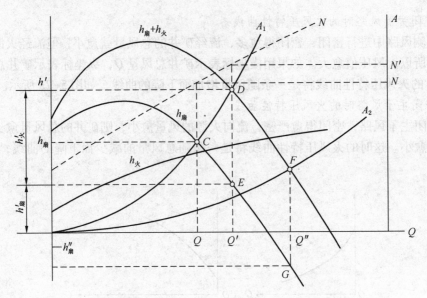

图 5-8　火风压对主要通风机工作的影响

四、矿井火灾时期风流紊乱现象及危害

1. 风流紊乱现象

矿井火灾时期产生的火风压，将引起矿井风流状态的紊乱变化。该变化可分为如下 3 类：

（1）风流（烟流）逆转。由于火风压反抗机械风压的影响，致使矿井某些巷道风流方向发生变化，称为风流逆转。风流逆转主要发生在反向火风压大于正向机械风压的旁侧支路（主干风路是指从入风井经火源到回风井的通路，旁侧支路是指除主干风路外的其余支路）。如图 5-9a 所示，设在 2-4 分支内发生了火灾，正常情况下烟气将随风流通过4-5、5-6 分支排出地面。当火势发展到一定程度时，会使旁侧支路 3-4 分支风流反向，烟流从主干风路流向旁侧风路侵入 4-3、3-5 分支，如图 5-9b 所示，从而扩大了事故的范围。

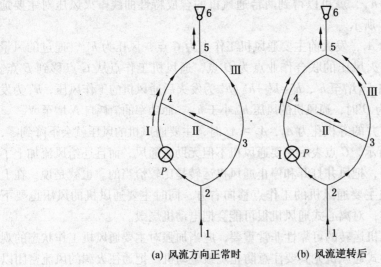

(a) 风流方向正常时　　(b) 风流逆转后

图 5-9　旁侧支路风流逆转

(2) 烟流逆退。在火风压作用下，加上巷道纵、横断面方向温度、压力梯度的影响，在着火巷火源上风侧新鲜风流继续沿巷道底部供风的同时，烟流沿巷道顶部逆向流出。烟流逆退可能发生在着火巷及与其相连接的主干风路上。如图5-10所示，在分支2-4内的一点产生火源，若火势迅猛，烟气生成量大，火源下风侧排烟受阻。一方面，烟气沿主干风路的回风系统4-5-6排出，另一方面，烟流沿巷道顶部逆着主干风路的进风流向2节点。当逆退的烟流达到2节点后，将随旁侧分支2-3、3-5的风流侵袭更大的范围，从而使危害扩大。下行风或水平巷道中这种风流紊乱现象更为常见。

(3) 烟流滚退。在新鲜风流沿巷道底部按原方向流入火源的同时，火源产生的烟流沿上风侧巷道顶部逆向回退并翻卷流向火源，如图5-11所示。烟气生成量越大、火源温度越高、巷道风速越低，发生滚退的概率越大。在一定条件下，这种现象也可能发生在下风侧。

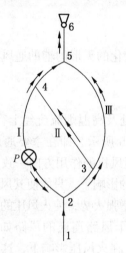

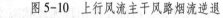

图5-10　上行风流主干风路烟流逆退　　　　图5-11　烟流滚退

逆转以同种流体单向流动为主，逆退是不同流体（烟流与新鲜风流）异向流动，滚退是在同一断面上，既有新风和烟流的异向流动，又有烟流翻卷引起的同种流体异向流动。滚退是逆退和逆转发生的先兆。

2. 风流紊乱现象的危害

(1) 风量减少。巷道风量的减少，对于无瓦斯或瓦斯涌出量小的矿井，或许不至于构成威胁。但对瓦斯涌出量大的矿井，则可能形成爆炸性混合气体而存在爆炸隐患。特别是当爆炸性混合气体通过着火带时，很容易引起瓦斯爆炸。

(2) 风流逆转。风流逆转引起风流流动状态的紊乱，给人员撤退和救灾工作造成更大的困难，带来更大的危险。

①逆转风流携带大量有毒有害气体，蔓延至更大区域，甚至污染进风区域，扩大受灾范围，甚至威胁整个矿井。

②风流逆转经历减风—停风—反风的过程。在减风和停风阶段，因风量剧减，风流中瓦斯浓度相对升高，并因风速减少，为瓦斯形成局部聚集创造了条件。在巷道中形成纵向和横向的局部瓦斯聚集带时，就具备了可能爆炸的条件。

③风流逆转使火源下风侧富含挥发物的风流或局部瓦斯聚集带的污风再次进入着火带

的可能性增大，从而增加了爆炸的可能性，这就是为什么在金属、非金属矿井火灾中，也会发生可燃气体爆炸的原因。

（3）烟流逆退。烟流逆退对火源上风侧直接灭火人员造成直接威胁。烟流与进风混合再次进入火源，在一定条件下能引发瓦斯爆炸。烟流逆退致使烟流进入其他巷道，可能造成与风流逆转相似的结果。

（4）烟流滚退。从火源流向上风侧的烟流，在翻卷流向火源的途中，与新鲜风流混合流入火源，在一定条件下能引发瓦斯爆炸。烟流滚退对火源上风侧从事直接灭火的人员也构成直接威胁。

因此，在矿井火灾时期，维持风流流动状态，特别是维持风向的稳定性，是救灾工作的最重要的任务之一。

五、火风压对风流影响的规律

火风压在矿井通风系统中的作用，就如同一些风压变化的无形的辅助通风机，它对风流影响的规律如下：

1. 上行风流中发生火灾时旁侧风流可能逆转

如图 5-12a 所示，火灾发生在上行风流中，火源 P 处及高温烟流流经上行风路 P—F 内所产生的火风压与主要通风机联合工作状况如图 5-12b 所示。即在主要通风机与火风压的闭合路 ABGEPFHCD 的主干风路中，火风压与主要通风机的作用方向一致，主干风路中的风流从进风井流向火源，然后流向出风井。在火风压的影响下，只能使其风量增加，而不能改变其方向。若燃料足够，风量增加将提高供氧量，增强火势，使火风压的作用更强。

但对从主干风路分出的风路，即在火源前、后将主干风路连通的风路如图 5-12 中 EF、GH、BC 等，则火风压与主要通风机风压方向相反。在火风压影响下，这些旁侧风路中的风流不仅风量有不同程度的减少，而且随火风压值的增大，可能相继出现无风状态或风流逆转。旁侧风路风流是否发生逆转，与本分支的风阻大小无关。旁侧支路风量减小，则可能是逆转的前兆。

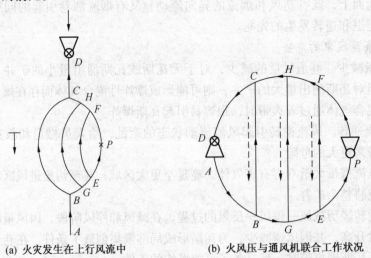

(a) 火灾发生在上行风流中　　　　(b) 火风压与通风机联合工作状况

图 5-12　上行风流中发生火灾时旁侧风流可能逆转

为了防止旁侧风路风流逆转，主要措施如下：

（1）控制火势，降低火风压。如尽一切可能创造条件直接灭火；或在发火巷的进风侧建筑临时密闭，增加风阻，适当控制火区进风量，减少火烟生成。但须注意，密闭应建在火源所在的主干风路中（密闭与火源之间无旁侧风道）。

（2）保持主要通风机正常运转，或者增大通风机风压，以增大旁侧风路通风压力。

（3）减少排烟风路风阻，加大排烟能力。在可能的排烟风路上，应迅速打开风门，甚至密闭墙，消除阻碍风流和火烟流动的障碍物，使回风线路畅通和扩大排烟能力，迅速将火烟直接导入总回风道排走。

2. 下行风流中发生火灾时主干风流可能逆转

如图 5-13 所示，在主要通风机与火风压的 *ABGEPFHCD* 的主干风路中，火风压与主要通风机风压的作用方向相反，主干风路中的风流在火风压的影响下，不仅风量随火风压值的增加而减少，并可能相继出现无风、烟流逆退或风流逆转现象。在风量减少的情况下，供氧量减少，火势减弱，从而削弱火灾产生的火风压，又出现增加风量的趋势。在风流反向情况下，下行风流变为上行风流。反向时期，风量一般远小于正常下行风量，因为这时的风流上行与正常的上行风流情况不同，其火风压须克服通风机的风压。反向风量小，导致火势减小，使其产生的火风压不足以克服通风机的风压，而引起风流再次反向下行。这种风流流量和流向的频繁变化，在下行通风的巷道着火时，会时有发生。因此，下行风流中发生火灾，风流很可能逆转，而且可能出现风向频繁变化的情况，这是救灾时需特别注意的。是否能保持持续的风流逆转后的方向，取决于以下几种因素：

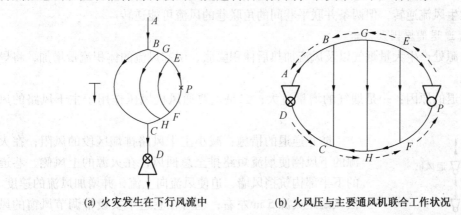

(a) 火灾发生在下行风流中　　　　(b) 火风压与主要通风机联合工作状况

图 5-13 下行风流中发火时主干风流可能逆转

（1）火源在下行风巷位置的影响。当火源两侧具有足够的标高差时，风流逆转后可能会持续保持逆转后的方向。在下行风巷的底部发生火灾时，因生成的热烟流直接导入底部平巷，往往不足以产生足够的火风压引起风流逆转。在下行风巷顶部发生火灾，因炽热烟流充满整个巷道，易使风流逆转上行，但往往不能持续维持足够的火风压，保持风流逆转。因为风流逆转后，新鲜风流上行，生成的热烟流直接导入顶部平巷，该下行风巷也不能产生足够的火风压克服主要通风机风压，风流可能又反向，恢复向下流动的原来方向。

（2）烟流中氧气浓度的影响。烟流中，特别是在火势很大的火源下风侧烟流中的氧气浓度远低于新鲜空气。在火势大的火灾引起风向逆转的情况下，火源的进风为氧气浓度低的回流烟流所替代，必然使火势减弱。若向火源回流的氧气浓度低的烟流段足够长，将在较长时间内减小火源产生的火风压，使之不足以克服主要通风机的风压，因而不可能保持这种风流逆转状态。

（3）原有通风风压的影响。若下行通风巷道风压较低，火势发展迅速，使下行风速减小、停滞和反转，则可能保持持续的风流逆转状态。

（4）火势大小的影响。发生在下行通风巷道中的火源火势大，致使火风压的作用大于主要通风机的作用，风流逆转后就不易发生再反向。

（5）掺入新鲜风流的影响。当火灾持续时间较长时，从被破坏的压风管道渗出的压风或来自其他巷道的风流在火源原下风侧与逆转风流混合，增加逆流进入火源的风流的氧气浓度，产生较大的火风压，则可能维持风流逆转状态。

要防止下行风风路风流逆转，采取的途径有减小火势，降低火风压；增大主要通风机分配到该风路的压力。

对旁侧风路 GH、EF、BC 来说，火风压与主要通风机的作用方向相同，在火风压的作用下，旁侧风流正向流的风量可能增加，使高温火烟大量流入，在旁侧下行风路中产生了火风压。当旁侧风流中的火风压增至一定程度时，也可引起旁侧风流逆转。所以在下行旁侧风路中，也有风流逆转的危险。

3. 火灾发生在水平巷道时角联巷道风流可能逆转

若忽略相邻倾斜巷道的温度变化影响，一般认为，在节流作用下，增大了风流流动的阻力，其结果导致着火巷风量减少。在水平巷道发生火灾的情况下，着火巷及与之串联的巷道不会发生风流逆转，但两条并联平巷间的角联巷的风流可能逆转。

4. 风流逆退的原因及防治

由于火源处产生大量烟气以及风流加热后体积膨胀，引起风流的体积流量增加，将导致烟流逆退。

发生逆退的原因：一是烟气的增量过大；二是主要通风机风压作用于主干风路的风压小。

防止逆退的措施：减小主干风路排烟区段的风阻；在火源的下风侧使烟流短路排至总回风；在火源的上风侧、巷道的下半部构筑挡风墙，迫使风流向上流，并增加风流的速度。挡风墙距火源 5 m 左右；也可在巷道中安设带调节风窗的风障，以增加风速。

由上述分析可得出如下结论：

（1）当矿井主干风路上的主要通风机风压与火风压的作用方向一致时，主干风流将具有完全肯定的方向，不会发生逆转；但所有的旁侧风流可能逆转，如图 5-14 所示。

（2）当主干风路上的主要通风机与火风压的作用方向不一致时，主干风路上没有肯定的风向，可正向流、无风或风流逆转。无风时的火风压值称为临界值。当火风压值小于临界值时，风流方向不变；当火风压值大于临界值时，风流逆转，但逆转的程度要视火风压值的大小，可能部分逆转，也

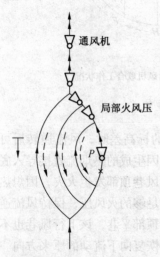

图 5-14　上行风流中发生火灾时旁侧风流可能逆转

可能全部逆转。

当井下发生火灾时，发生风流逆转不仅能扩大灾情，使事故复杂化，还会给矿山救护队的灭火救灾造成困难。所以在火灾的初期就应该采取措施防止风流逆转。此时，掌握矿井通风系统内各风路是上行还是下行，对发生火灾时正确判断通风系统中的风流变化状况非常重要。因此，应将通风网路中的上行风路和下行风路用符号标明。一旦发生火灾，这些符号可使救灾人员易于了解哪些地点可能发生风流紊乱，以便有针对性地加以预防。

六、处理火灾时的控风方法

处理火灾时的控风方法有正常通风、减少风量、增加风量、火烟短路、反风、停止主要通风机运转等。

处理矿井火灾时，要根据火源位置，火灾波及范围，遇险及受威胁人员所处的位置等具体情况合理控风。无论采取哪种控风方法，都必须满足下列基本要求：①保证灾区和受火灾威胁区域内人员的安全撤退；②采取一切办法防止火灾扩大，尽可能地创造接近火源直接灭火的条件；③不得使火源附近瓦斯积聚到爆炸浓度，不允许流过火源的风流中瓦斯达到爆炸浓度，或使火源蔓延到有瓦斯爆炸的地区；④防止出现再生火源；⑤有利于防止火风压形成和风流逆转及烟流逆退。

1. 正常通风

保持火灾时期正常通风都是以抢救遇险人员，防止发生爆炸事故和创造直接灭火条件为前提的。每一个救灾指挥员在没有理由对矿井通风系统进行调整的情况下，一般都应采取正常通风，特别是在以下情况下更应如此：

(1) 当矿井火灾的具体位置、范围、火势、受威胁地区等没有完全了解清楚时，应保持正常通风。

在火区情况不清楚的情况下，盲目地实施调风措施，就有可能造成火烟向其他区域扩散，使那些本不应受到火灾威胁的区域出现烟雾甚至出现火患。因此，必须在保持正常通风的情况下尽快查明火情，以便科学地组织抢救遇险人员和组织灭火。

(2) 当火源下风侧有遇险人员尚未撤出或不能确认遇险人员是否已牺牲，且矿井又不具备反风和改变烟流流向的条件时，应保持正常通风。

矿井火灾尽管发展迅速，但其也有一个变化过程。在此过程中，火源点下风侧一氧化碳气体浓度、烟雾逐渐增大，氧气浓度逐渐下降。单纯从灭火角度来讲，减少向火区的供风量可以起到抑制火势的作用，但不可避免地将造成火源下风侧有害气体浓度增高、氧气浓度降低。因此，在火源下风侧人员尚未完全撤出或者还没有确认该区域人员是否已牺牲的情况下，至少应保证正常通风，以确保在一定时间内火源下风侧有一个温度、有害气体浓度、氧气浓度都能满足遇险人员生存或佩用自救器生存的环境，以便其自行撤出，或救护人员进入回风侧抢救。

(3) 当火灾发生在矿井总回风巷或者发生在比较复杂的通风网络中，改变通风方法可能会造成风流紊乱、增加人员撤退的困难、出现瓦斯积聚等后果时，应采取正常通风。

矿井通风系统是由各种不同巷道连接而成的复杂网络，各用风地点的配风量都是按冲淡有毒有害气体，供人员呼吸等来设计的。在矿井总回风巷和复杂的通风网络中发生火灾，如随意改变通风方法，必然会导致系统中有些巷道风量增加，有些巷道风量减少，受灾范围扩大。在高瓦斯矿井更有可能引起瓦斯局部积聚，引发瓦斯爆炸事故。因此，在这种情况下也应保持正常通风。

（4）当采煤、掘进工作面发生火灾，并且实施直接灭火时，要采取正常通风。其目的是维持工作面通风系统的稳定性，以确保工作面内的瓦斯正常排放，并使灭火过程中所产生的水蒸气和火灾气体得以顺利排除，为直接灭火人员创造安全的工作环境。

（5）当减少火区供风量有可能造成火灾从富氧燃烧向富燃料燃烧转化时，应保持正常通风。

矿井火灾由于受井下特殊环境的限制，其火灾的燃烧和蔓延形式分为两种，即富氧燃烧和富燃料燃烧。

富氧燃烧具有与地面火灾相似的燃烧和蔓延机理，亦被称作非受限燃烧，即火灾产生的挥发性气体在燃烧过程中已基本耗尽，无多余炽热挥发性气体与主风流汇合并预热下风侧更大范围内的可燃物。燃烧产生的火焰以热对流和热辐射的形式加热临近可燃物至燃点，保持燃烧的持续和发展。其火焰范围小、火势强度小、蔓延速度低、耗氧量少，致使相当数量的氧剩余。下风侧氧气浓度一般保持在15%（体积浓度）以上，故称富氧燃烧。富氧燃烧火灾处理过程中发生爆炸的危险性相对较小。

富燃料燃烧时，火势大、温度高，火源产生大量炽热挥发性气体，不仅供给燃烧带燃烧，还能与被高温热源加热的主风流汇合形成炽热烟流预热火源下风侧较大范围的可燃物，使其继续生成大量的挥发性气体；燃烧位置的火焰通过热对流和热辐射加热邻近可燃物使其温度升至燃点。由于保持燃烧的两种因素的持续存在和发展，此类火灾使燃烧在更大范围进行，并以更快速度蔓延，致使主风流中氧气几乎全部耗尽。所以，此类火灾蔓延受限于主风流供氧量，故也称受限火灾。这种燃烧的下风侧烟流常为高温预混可燃气体，与旁侧新鲜风流交汇后易形成再生火源或发生爆炸。特别是下风侧高温烟气产生节流效应使着火巷道发生风流紊乱，上风侧出现烟流逆退与新鲜空气混合形成预混合气体，当再次进入火源时可发生爆炸。可见，富燃料火灾极易转化为爆炸事故，在处理中难度更大。

因此，当矿井火灾有转化为富燃料火灾的可能性时，首先应保持正常通风。具体地说有以下4种情况：

①火源点燃烧温度足够高，炽热烟气使下风侧可燃物分解出大量挥发性可燃气体（如碳氢化合物、氢气）和煤焦油等，以保持燃烧迅速发展。

②下风侧烟气中的氧气浓度低于维持燃烧所需要的最小助燃浓度。

③由于巷道下风侧不同程度的阻塞，造成了热量和炽热气体、煤焦油等的积存，且由于烟气膨胀产生节流效应，使高温烟流有向上风侧逆退的趋势。

④回风流中二氧化碳、一氧化碳气体浓度连续增大，且速度很快。

出现富燃料燃烧征兆时，除非有充分的减风、停风理由，否则必须维持火区正常通风或增大风量。

2. 减少风量

当采用正常通风会使火势扩大，而隔断风流又会使火区瓦斯浓度上升时，应采取减少风量的办法。这样既有利于控制火势，又不会使瓦斯浓度很快达到爆炸界限。在使用此法进行救灾时，灾区范围内要停产撤人，并严密监视瓦斯情况，而且要注意，在灾区内人员尚未撤出的情况下，为了避免出现缺氧现象，或瓦斯上升到爆炸界限，不利于人员撤退时，不能减少灾区风量。在减少灾区风量的救灾过程中，若发现瓦斯浓度在上升，特别是瓦斯浓度上升达到2%左右时，应立即停止使用此法，恢复正常通风，甚至增加灾区风量，以冲淡和排出瓦斯。

例如，某高瓦斯矿-20 m回风石门，因电气设备着火形成火灾，灾区巷道布置如图5-15所示。该发火地点在采区总回风巷，火势蔓延很快，在30 min内燃烧了15架木棚，使该矿井南部总回风巷和地面主要通风机处在十分危险的状态中。救护队到达后，首先将工作面B_7、B_8和B_9全部停工，并撤出人员。为了减弱火势，使人员能接近火源，就将风门E_1和E_2打开1/3，减少了灾区风量。但是，打开风门后发现D点的瓦斯浓度很快增加到2.2%，所以只好关闭风门E_1和E_2，恢复正常通风，以冲淡瓦斯，在较短时间内瓦斯就降到了0.7%。然后又采用减风法并直接灭火，扑灭了火灾。

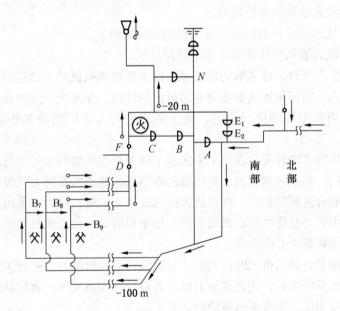

图 5-15 某矿火灾灾区巷道布置

3. 增加风量

在下列情况下需要增加灾区风量：

（1）在处理火灾过程中，如发现火区内及其回风流中瓦斯浓度升高，则应增风，使瓦斯浓度降至1%以下。

（2）若火区出现火风压，出现风流可能发生逆转现象时，应立即增加火区风量，避免风流逆转。

（3）在处理火灾过程中，发生瓦斯爆炸后，灾区内遇险人员未撤出时，也应增加灾区风量，及时吹散爆炸产物、火灾气体及烟雾，以利人员撤退。

4. 火烟短路

火烟短路是救灾过程中常用的方法。它是利用现有的通风设施进行风流调节，把烟雾和一氧化碳直接引入回风，减少人员伤亡。例如，河南省某煤矿北翼六采区带式输送机下山发生明火火灾，滚滚浓烟随着风流涌向采掘面，威胁着65名工人的生命安全。这一情况被检查人员发现后，冒着烟雾打开正、副下山之间的4道风门，让烟雾直接进入回风，使采掘工作面人员安全脱险。又如，淮南某高瓦斯矿进风井口发生明火火灾，淮南救护队打开了该井与回风井之间的风门，使火烟短路，同时直接灭火，避免了井下人员的伤亡。

5. 反风

反风分全矿性反风和局部反风两种。究竟采用什么方式反风，应根据火源在矿井通风网络中的位置等具体情况决定。

一般而言，当矿井进风井口、井筒、井底车场及其内的硐室、中央石门等地点，或者距矿井入风井口较近的地区发生火灾时，要采取全矿性反风措施，以免全矿或一翼直接受到烟雾侵袭而造成重大恶性事故。

实现全矿性反风的主要方法如下：

（1）主要通风机设专用反风道反风。

（2）采用轴流式通风机反转反风。

（3）对无反风道的矿井利用备用通风机的风道反风。

（4）调整轴流式通风机风叶安装角度进行反风。

当采区内发生火灾时，可采取局部反风，即主要通风机保持正常运行，通过调整采区内风门的启闭状态，实现采区内部部分巷道风流的反向。如果火灾发生在某一采区或工作面的进风侧，应当采用局部反风措施，防止烟流进入人员汇集的工作地点，减少灾害损失。

实现局部反风的方法通常是在每个采区或工作面布置单独的互不干扰的反风道，并在适当地点布置风门，控制风流方向。具体做法根据采区巷道的布置方式灵活设置。

多台通风机联合运转的矿井，在总进风区域发生火灾时，应力求采用多台风机同时反风，这样才能确保矿井总进风道的风流反向。如果只对某一台通风机实施反风，其余正常运行，则总进风道风流未必能反向。

此外，在实施多台通风机同时反风时，如果两台通风机能力差距较大，则操作顺序必须是在两台通风机都停运后，先启动能力较小的通风机实施反风，再启动能力较大的通风机反风；如果顺序相反，小通风机可能启动不了。

6. 停止主要通风机运转

停止主要通风机运转的方法决不能轻易采用，应确有把握时才用，否则会扩大事故。例如，某矿在进风斜井井底车场内的变电所发生火灾，引燃进风斜井的木支架，当班回风侧27人中只有两人撤出脱险，25人遇险。在救灾过程中因误停主要通风机引起风流逆转，不但使灾区25人遇难死亡，而且使23名救灾人员死亡，其中包括3名消防队员、1名救护人员、1名矿总工程师、1名安全科长。该矿具有反风条件，也能实现火烟的短路（中央并列式通风），但矿领导错误下达停转主要通风机的命令，致使灾情扩大，造成累计死亡48人的恶性事故。

停止主要通风机运转的适用条件如下：

（1）火灾发生在回风井筒及其车场时，可停止主要通风机，同时打开井口防爆盖，依靠火风压和自然风压排烟。

（2）火源发生在进风井筒内或进风井底，由于条件限制不能反风（如无反风设备或反风设备动作不灵），又不能让火灾气体短路进入回风时，可尽快停止主要通风机运转，并打开回风井口防爆盖（门），使风流在火风压作用下自动反向。

即使在上述情况下停止主要通风机运转，还有可能造成人员伤亡。因为主要通风机停转后，井下风量减少，高浓度的瓦斯可能由自然通风风流带入火源引起瓦斯爆炸。

七、处理火灾时如何防止瓦斯爆炸

在处理矿井火灾时，无论采取哪种控风措施，都要考虑如何防止瓦斯爆炸事故的发生，特别是在处理高瓦斯矿井和煤与瓦斯突出矿井火灾时必须时时处处想到这一点。在火灾处理过程中，必须掌握瓦斯的变化，合理调度风流，其原则是有助于控制火势，又能冲淡瓦斯，及时排走瓦斯。不能随意减少或中断火区的供风，必要时（瓦斯浓度上升）还应增加火区供风量；加强巷道维护，防止冒顶堵塞巷道，以避免瓦斯积聚而产生爆炸。

（1）在火源的下风侧有冒顶、废巷和掘进工作面积聚瓦斯时，对灭火人员威胁最大。为防止瓦斯爆炸，应果断封闭火区，或者进行局部反风，将这些瓦斯封闭后，再组织人员灭火。

（2）在火源的上风侧有掘进工作面和废巷，有可能积存瓦斯时，应首先将上风侧的积聚瓦斯的巷道严密封堵，防止瓦斯涌出后遇火爆炸。

（3）处理高瓦斯矿高冒处火灾时，必须在喷雾水枪的掩护下（迫使火源局限在高冒处），在火源的下风侧设水幕，然后在高冒处两端用水枪灭火。

（4）处理高瓦斯矿井独头巷道火灾时，不能停风，要在保持正常通风或大风量的条件下处理火灾。但是，由于某种原因（如人员撤退时停掉局部通风机或火焰烧断风筒）使风流中断或通风机停转时，应检查巷道中瓦斯和烟雾情况，只有在瓦斯浓度不超过2%时才可以进入火区救人灭火。

特别是上山独头煤巷发生火灾时，如果通风机已停转，在无须救人的情况下，严禁进入侦察或灭火，应立即在远距离封闭。

下山掘进煤巷工作面发生火灾时，在通风条件下瓦斯浓度不超过2%时可直接灭火。若在下山中段发生火灾时，无论通风与否，都不得直接灭火，要远距离封闭。

（5）当直接灭火无效或不可能时，应封闭火区。

在高瓦斯矿封闭火区是相当危险的工作。应根据瓦斯涌出情况，通过加大风量将瓦斯浓度降到2%以下时，于火区的进风侧和回风侧同时建造防爆墙，并在2/3高度处留有通风排气口，然后在统一指挥下同时封口。这种封闭方法，不易产生瓦斯爆炸，即使爆燃，人员安全系数也大。这是因为，防爆墙建毕后，火区氧气消耗快，可生成大量二氧化碳，有助于抑制火势。同时，瓦斯浓度上升慢，不易达到爆炸浓度。24 h后，在防爆墙掩护下建筑永久密闭，完成火区的封闭工作。若有条件，在砌墙过程中（包括砌筑防爆墙）向火区内注入氮气等惰性气体或卤族化合物，可有效防止建墙过程中产生的瓦斯爆炸。如果人力、物力不足时，也可先封闭火区进风，但密闭墙的位置应尽量靠近发火点，并且保证墙体绝对严密，否则由于入风侧空间过大或密闭质量不好，积存大量瓦斯，极易造成爆燃。当在多头巷道封闭时，应先封闭困难大的风路及分支风路（风量小的风路），然后封闭主要风道（风量大的风路）。进风侧封闭后，等待1~3天，待火区稳定后再封闭火区回风。实践证明，火区进风侧封闭十几个小时后，回风侧的烟雾减少70%，温度下降50%，瓦斯浓度也有明显降低。这种封闭方法比较稳妥可靠，只是要强调的是进风侧密闭要距发火点近而且要严密不漏风，否则易发生爆炸。同样，在砌墙过程中注入惰性气体等，会更安全。

另外,还必须强调,任何情况下(无论是高瓦斯矿还是低瓦斯矿),不准先堵回风后堵进风,否则会造成火烟逆退或发生瓦斯爆炸。

(6)封堵采区内的火区时,还应考虑某巷道封闭后,是否会造成邻近采空区内瓦斯被大量吸出通过火源引起爆炸。

(7)火灾处理结束后,在清理火灾现场时,要注意阴燃火源的存在,认真检查瓦斯,以防发生瓦斯爆炸事故。

(8)用水直接灭火时,为防止水煤气爆炸伤人,水源水量要充足,风量要足够,回风系统要通畅,人员要站在火源上风侧,水要从火源四周喷向火源中心。

八、矿井火灾事故处理案例

1. 事故情况

某矿 6 号盘区进风巷发生明火火灾,发生火灾时矿井通风系统如图 5-16 所示。4 号和 5 号盘区通风机能力为 6 号盘区通风机能力的 6 倍,主副井进风主要供给西翼,少量风流供给东翼,发火时 1 号盘区已采完,1 号通风机停转,1 号井作为进风井,供给 6 号盘区风量,当时风量为 2900 m^3/min。

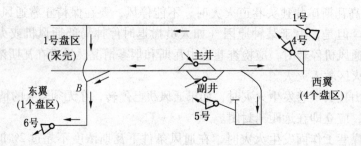

图 5-16 某矿发生火灾时通风系统

2. 事故经过

某年 2 月 13 日 4 时,在 1 号盘区轨道上山(当时作为 6 号盘区进风上山)发生明火火灾,矿调度室接到灾情报告后,及时报告了矿领导和救护队,并命令 6 号盘区撤人。当时的领导作出了停止 6 号通风机运转的决定,由于电话不通,派人到通风机房通知停机。如果此命令变成事实,必然扩大事故,因为一旦 6 号通风机停转,火烟将抽入西翼,造成全矿烟雾弥漫,后果不堪设想。但派往 6 号通风机房通知停风的人,由于路径不熟,风机房号分不清,错误地通知 5 号通风机房停机。这种巧合使西翼风量下降,增加了 6 号盘区的新风,使工人迅速地撤离了危险区。同时,降低了通过火源的风量,降低了风速,减弱了火灾蔓延速度。

救护队到矿后,矿务局和矿领导都认为 6 号通风机已停,决定开动 1 号通风机和在 B 处增阻,并打开 1 号通风机井口使部分风流短路,使火源风向反转,避免火烟进入 6 号盘区和西翼。在矿总工程师等人员赶赴 1 号通风机房进行检查期间,5 号盘区工人反映工作面无风,矿领导得到汇报后,又错误地通知 5 号通风机运转,6 号通风机停转,但未通知井下灭火人员。当 6 号通风机停转、5 号通风机运转后,火烟立即从东翼抽向西翼,井下人员一片混乱，井下电话火速报告调度室。地面矿领导问明情况后，立即通知1号通风机房的矿总工程师，令其立即启动1号通风机，当1号通风机运转后，烟雾随风流排出1号井，井下人员转危为安，只有部分人员中毒。

3. 事故分析

处理明火火灾时，风流调度极为重要，一旦调度失误，就可能造成重大损失。处理矿井明火火灾时，风流调度的总原则之一是负责灾区通风（排烟）的主要通风机不能停转。在多风机通风的矿井，不负责灾区通风的风机停转，有时有利于救灾。遵循这种风流调度原则的总目的是减少灾害损失，特别是减少人员伤亡。

这次事故处理在风流调度方面有很多有效方案，比如，先启动1号通风机，再停运6号通风机，同时打开该井井口防爆门，使6号井变为进风，便于灾区人员撤退；或者降低4号和5号通风机抽风能力，以增加东翼的新风量，冲淡火烟，以利于人员撤退等。而当时的决策人偏偏采用了最错误的调风方案，而且一错再错，险遭重大损失。

大量救灾实践表明，在我国目前救灾技术水平情况下，救灾成败取决于：①救灾方案是否正确，指挥是否恰当；②救护队行动是否正确；③救灾材料是否充足。而救灾方案与指挥正确与否取决于：①指挥员的素质，其中包括其处理灾变的经验多少；②灾区信息的多少及其准确性和对灾情分析、判断的准确性；③指挥者对井下的熟悉程度。

第四节 不同地点的火灾处理

矿井火灾处理实际上包含两方面的内容：一方面是灭火，利用各种方法，使用各种工具、材料、设备使火灾尽快熄灭；另一方面是救人，尽量使火灾所造成的人员伤亡减至最低。因此火灾处理要迅速、安全、有效，不贻误战机，制定合理的战术；否则，即使不大的火灾，发展起来之后也可能成为大型火灾，造成重大损失。

矿井火灾处理成功与否，取决于下列各因素：

一是发火地点。它是确定火灾处理方法的主要因素，不同的地点发火，应采取不同的灭火方法。

二是灭火时机。无论是内因火灾，还是外因火灾，发火的初始阶段都是灭火的最佳时期。所以，灭火越及时，火灾就越容易被扑灭。

三是火灾种类。火灾种类不同，灭火方法也不相同。如油类火灾和电气火火，不宜用水直接灭火。

四是灭火器材。使用先进、适宜的灭火器材和装备有利于灭火。

五是正确指挥。当矿井发生火灾时，救灾过程中的指挥正确与否，直接关系着救灾的成败。因此，正确的指挥是有效处理矿井火灾最关键的因素。盲目瞎指挥不但不能救灾，反而会使灾情扩大。

六是火灾处理人员的素质。具体实施灭火的人员要有一定的火灾处理经验，有丰富的矿井火灾方面的知识，同时也要有勇敢、机智的工作作风。

一、进风井口附近火灾处理

进风井口附近出现火灾，产生的大量烟雾和有害气体，受到矿井主要通风机风压的作用很可能进入井下，直接威胁矿井安全和井下人员的生命安全。为此，《煤矿安全规程》对于如何预防井口附近的火灾也有很多规定，如第二百一十六条规定，木料场、矸石山、炉灰场距离进风井不得小于 80 m；第二百一十七条规定，新建矿井的永久井架和井口房、以井口为中心的联合建筑，必须用不燃性材料建筑。

一旦进风井口发生火灾，处理办法主要包括：

（1）主要通风机反风。

（2）关闭进风井口防火铁门，或盖住井口，井下设临时密闭。

（3）迅速扑灭火源。

（4）按"矿井灾害预防与处理计划"的规定引导井下人员安全出井。如果进风井口被火包围或进风井筒已有烟气，应从回风井或其他进风井撤出。

进风井口出现火灾，处理时要想方设法阻止烟流随风流进入井下，采取尽可能的灭火措施，减小火势。例如，某矿发生一起地面简易选煤厂（用可燃性木材建造）因电缆短路而引发火灾。火灾初发时由于没有及时扑灭和有效控制，火势在木制的选煤栈桥以及煤尘、电缆等可燃物上迅速蔓延，熊熊大火直扑主要进风井。该井为主提升井兼进风井，进风风量为 12000～13000 m³/min，火灾产生的大量有毒有害气体随时都可能进入井下，井下数千名职工生命安全受到极大威胁。64 m 高的提升机房和入选能力 2.4 Mt/a 的洗选设备也受到被大火焚烧的危险。处理时，用爆破法将简易选煤厂的选煤栈桥与进风井的连接处炸断，阻止了火焰继续燃烧，避免了一起矿井火灾。

正在开凿井筒的井口建筑物发生火灾时，如果通往遇险人员的道路被火切断，可利用原有的铁风筒及各类适合供风的管路设施强制送风。同时，矿山救护队应全力以赴地投入灭火，以便尽快靠近遇险人员进行抢救。

扑灭井口建筑物火灾时，事故矿井应召请消防队参加。

二、井筒中火灾处理

进风井筒着火时，对整个矿井的危害都比较大，如果火势较大，产生的大量有毒有害气体将随着风流直接到达井下各作业地点，造成人员中毒，同时产生的火风压也将直接影响整个矿井的通风系统。

（1）进风井筒中发生火灾时，为防止火灾气体侵入井下巷道，必须采取全矿井反风或停止主要通风机运转的措施。

（2）回风井筒发生火灾时，风流方向不应改变。为了防止火势增大，应减少风量。其方法是控制入风防火门；打开通风机风道的闸门，停止通风机运转；或执行抢救指挥部决定的其他方法（以不引起可燃气体浓度达到爆炸危险为原则）。必要时，撤出井下受影响的人员。

当停止主要通风机运转时，应注意火风压造成的危害。

多风井通风时，发生火灾区域回风井的主要通风机不得停止运转。

（3）立井井筒发生火灾时，不管风流方向如何，应用喷水器自上而下喷洒。只有在能确保救护指战员生命安全时，才允许派遣救护队员进入井筒从上部灭火。

三、井底车场火灾处理

井底车场火灾同样会威胁整个矿井的安全，因此应采用如下处理办法：

（1）进行全矿井反风。

（2）及时通知井下人员从安全路线升井。

（3）中央并列式通风的矿井，可使进回风短路，将烟流直接排出地面。

（4）在井底车场水源充足的条件下，利用通往火源的一切道路，集中人力和物力，直接灭火和防止火灾蔓延。

（5）采用打临时密闭或挂风障的方法，减小向井底车场火源处的供风量，防止火势扩大。

四、进风大巷火灾处理

进风大巷是矿井的咽喉，一旦出现火灾，危及全矿。处理时可采取如下办法：

（1）进行全矿井反风。

（2）利用现场的条件积极进行直接灭火。

（3）将火烟短路，把火灾烟流直接引入回风道。

（4）进风大巷发生火灾，应在火源前增阻，减少火源的供风；火源下风侧应尽快清除可燃物。

五、采区上（下）山巷道火灾处理

（1）倾斜进风巷发生火灾时，必须采取措施防止火灾气体侵入有人作业的场所，特别是采煤工作面。为此，可采取风流短路或局部反风的措施。

（2）在倾斜巷道上行风流中发火时，采取减风、直接灭火、畅通排烟通道等措施，防止旁侧支路风流逆转。采取减少风量措施时，要防止造成灾区贫氧和瓦斯积聚。

（3）扑灭倾斜巷道下行风流火灾，必须采取措施增加进入的风量，减小回风风阻，防止风流逆转，但决不允许停止通风机运转。如有发生风流逆转的危险时，应从下山下端向上消灭火灾。在不可能从下山下端接近火源时，应采用综合灭火法扑灭火灾。

（4）将火源点回风侧的水幕打开，进行喷雾洒水降温。

（5）在倾斜巷道中，需要从下方向上灭火时，应采取措施防止冒落岩石和燃烧物掉落伤人，如设置保护吊盘、保护隔板等。

（6）在倾斜巷道中灭火时，应利用中间巷道、小平巷、联络巷和行人巷接近火源。不能接近火源时，可利用矿车、箕斗将喷水器下到巷道中灭火，或发射高倍数泡沫、惰气进行远距离灭火。

（7）在处理火灾过程中，所有通往火区的路口都应设置栅栏，悬挂警标或派专人守护，防止非救灾人员进入。

六、采区水平巷道火灾处理

在采区水平巷道中灭火时，一般保持正常通风，视瓦斯情况增大或减少火区供风量。如火灾发生在采煤工作面运输巷时，为了迅速救出人员和阻止火势蔓延，使遇险人员自救退出，可进行工作面局部反风或减少风量。若采取减少风量措施，要防止造成灾区贫氧和瓦斯积聚。

七、采场火灾处理

采场火灾是指发生在采煤工作面及上下巷道中的火灾。

采煤工作面发生火灾时，一般要在正常通风的情况下进行直接灭火。如直接灭火无效或不可能时，应采取封闭的办法。但由于工作面紧邻采空区，周围又有压裂的煤柱，再加上采区通风系统的复杂性，可能会有较多的漏风存在，降低封闭效果，这是在工作面封闭时必须要考虑的问题。

同时，处理采场火灾时还应考虑以下不利的因素：①采场可燃物多，火势发展快，极易形成高温区；②采场支护一旦被烧毁，造成顶板冒落，容易产生工作面或巷道堵塞；③火灾易向采空区蔓延，由于采空区可能积存大量的瓦斯，所以增加了火灾处理的难度和危险性；④人员难于接近火源进行直接灭火。

采场火灾处理应采取如下方法：

(1) 采场发生火灾，一般不减风，应采取措施积极灭火。

(2) 从进风侧进行灭火，要有效地利用灭火器和防尘水管。

(3) 无法接近火源时，可用高倍数泡沫灭火机、惰气发生器等远距离灭火。

(4) 在进风侧灭火难以取得效果时，可采取局部反风，从回风侧灭火，但进风侧要设置水幕，并将人员撤出。

(5) 急倾斜煤层采煤工作面着火时，不准在火源上方灭火，防止水蒸气伤人，也不准在火源下方灭火，防止火区塌落物伤人，而要从侧面（即工作面或采空区方向）利用保护台板和保护盖接近火源灭火。

(6) 采煤工作面瓦斯燃烧时，要增大工作面风量，并利用干粉灭火器等灭火。

(7) 采煤工作面运输巷（进风巷）发生火灾时，进风侧打密闭墙要尽量靠近火源，回风侧的密闭墙要视烟雾和温度情况，距火源有一定距离。

(8) 采煤工作面回风巷着火时，必须采取有效方法，防止采空区瓦斯涌出和积聚。

(9) 当直接灭火无效时，应采取隔绝方法和综合方法灭火。

(10) 对有瓦斯爆炸危险的工作面，有条件时，在封闭过程中，可从进风侧注入惰气，惰化火区。

(11) 火源上风侧有瓦斯涌出的掘进工作面存在时，应保持局部通风机正常运转，因故停风时应立即封闭。

八、采空区火灾处理

采空区发生的火灾一般为内因火灾，即由煤炭自燃引起的。由于采空区内易积存瓦斯，因此瓦斯爆炸的危险性较大，同时煤炭自燃产生的一氧化碳会危害作业人员的安全。

采空区火灾处理应采取如下方法：

(1) 采空区发生火灾，人员难以接近火源，一般采用直接灭火法很困难，常采用隔绝窒息灭火法。

(2) 当隔绝窒息灭火法无效，如采空区漏风较多时，可采用灌浆、水砂充填等方法灭火。

(3) 有条件的矿井，可向采空区注入氮气等惰性气体进行灭火。

（4）可调节采空区进、回风侧两端的风压，进行均压灭火。

（5）采空区附近有联络巷时，可利用联络巷接近火源灭火，也可以打绕道接近火源灭火。

图 5-17 所示为某矿采空区自燃火灾示意图。回风侧风流的一氧化碳含量为 0.004%，瓦斯含量为 0.45%，温度达 31 ℃，证明采空区已发生了火灾。

处理方法如下：首先在巷道 1、2、3、4 打上密闭，但密闭墙外一氧化碳仍超过允许值，不能进行正常生产，证明采空区的火灾仍未熄灭，需要采用其他方法灭火。

考虑采空区的实际情况，决定采用均压灭火。首先在进风巷 A 处安设两道风门，在 B 处安设一台 28 kW 局部通风机，在回风巷 C 处安设两道调节风门，调整两巷风压，经一段时间后，一氧化碳消失，证明采空区内的火已熄灭。

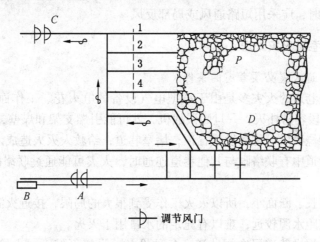

P—火源；D—采空区

图 5-17　某矿采空区自燃火灾示意图

九、主要硐室火灾处理

井下机电硐室是比较容易发生火灾的地点，《煤矿安全规程》对井下机电硐室的防火要求比较多。永久性井下中央变电所和井底车场内的其他机电设备硐室，应砌碹。采区变电所应用不燃性材料支护。采掘工作面配电点应使用专用硐室，并用不燃性材料支护。井底车场内的中央变电所和水泵房硐室必须装设向外开的防火铁门。

硐室火灾尽管范围不大，但危害不小。它不但会烧毁硐室内的设备，还会引发其他事故。如机电硐室着火会影响供电，水泵房火灾会影响排水，绞车房火灾会影响运输，火药库火灾会引发雷管、炸药爆炸。所以硐室一旦发生火灾，就要集中一切力量灭火。

处理硐室火灾可采用如下方法：

（1）首先切断硐室内电源。

（2）使用硐室内存放的消防器材，如灭火器、沙子等，进行直接灭火。

（3）硐室火灾难以扑灭时，应立即关闭防火门进行隔绝，然后用水、灭火器、高倍数泡沫等扑灭硐室火灾。

（4）硐室发生火灾，且硐室无防火门时，应采取挂风障的办法控制进风量，用水、灭火器、高倍数泡沫或沙子灭火。

（5）爆炸材料库着火时，应首先将雷管运出，然后将其他爆炸材料运出。如因高温运不出时，要关闭防火门，人员退往安全地点。

（6）绞车房着火时，应将火源下方的矿车固定好，防止烧断钢丝绳造成跑车伤人。

（7）蓄电池机车库着火时，为防止氢气爆炸，应立即停止充电，加强通风并及时将蓄电池运出硐室。

（8）硐室火灾产生大量烟雾时，应敞开硐室专用回风道调节风窗或排烟道路上通往总回风的风门，使烟流短路。

（9）当敞开硐室专用回风道的调节风窗后，仍有烟雾外溢，或者着火硐室位于矿井总进风道时，应进行反风或风流短路；着火硐室位于矿井一翼或采区总进风所经两巷连接处时，在条件具备时，应采用短路通风或局部反风。

十、独头掘进巷道火灾处理

1. 处理掘进巷道火灾必须考虑的条件

（1）独头掘进巷道的火灾多是由于小型电气设备的电火花、工作面爆破等原因引起的，在火灾初始阶段容易扑灭，一旦贻误战机，就可能引燃支架和煤壁，扩大灾变。

（2）巷道支架烧毁后，往往发生冒顶，堵塞巷道，给救人灭火造成困难。

（3）当掘进巷道中有联络眼与其他巷道连通时，火灾可能通过联络眼侵入其他巷道，造成火灾蔓延。

（4）由于巷道长、断面小，所以灭火工作受到很大的局限，接近火源十分困难。

（5）掘进巷道距水源较远，难以有充足的水量用于灭火。

（6）由于独头掘进巷道属在掘巷道，各种设备、设施不健全，也给灭火工作带来了困难。

（7）当火烟沿倾斜巷道流动时，可能出现火风压和再生火源。

（8）独头掘进巷道系统较为简单，火势范围一般不大，火区易于封密，也为处理此类火灾提供了有利的条件。

2. 处理掘进巷道火灾必须注意的几个问题

（1）局部通风机的控制是关键。首先，无论是低瓦斯矿井，还是高瓦斯矿井，或煤与瓦斯突出矿井，掘进巷道发生火灾后，不准下令停止局部通风机运转。同时还要教育下井人员和救护队员，在掘进巷道发火后不能停掉局部通风机。救灾过程中应派专人（一般为救护队员）守住局部通风机，保持其正常运转。由于种种原因，如果发火后局部通风机已停转，火灾处理过程中则不要开动，并派专人看守。待经过详细侦察判明情况后，再决定局部通风机的停开和实施其他救灾措施。如局部通风机已经停转，则应派队员（佩戴呼吸器）进入巷内侦察，然后根据瓦斯浓度、烟雾多少和温度高低，决定是否启动风机。当发火巷内瓦斯浓度小于 2% 时，可启动风机，以排烟降温，创造良好的救护环境。当发火巷内瓦斯浓度高于 16% 时，无论烟雾多少和气温高低，均不准启动风机，以免供氧引起瓦斯爆炸。这就是"保持独头巷道通风原状"原则。

（2）掘进巷道发生火灾时，要注意发生火灾的巷道周围是不是一个实的煤体（和任何采空区、任何巷道都没有透气地方的煤体），如果是实体煤着火及局部冒顶发生火灾，可直接灭火。假如这个巷道由于局部冒落造成和采空区及其他巷道沟通，采用直接灭火就更加要慎重，应防止灭火过程中发生瓦斯爆炸或者火灾蔓延到邻近地区。

（3）注意查清发火巷道入口处进回风侧有无积存瓦斯的地点（如盲巷）。若有，应先行封密，避免引起瓦斯爆炸。特别是在发火巷道回风侧有积存瓦斯的地点时，产生爆炸的可能性较大，应先予封闭。

（4）查清火源在发火巷道的部位，不同部位的火灾有不同的特点，处理措施不尽相同。其中工作面火灾最易处理，中部火灾最难处理，入口火灾是迎风向贯穿风流巷道中蔓延。

（5）在掘进巷道中用水灭火时，要特别注意防止水蒸气伤人或发生水煤气爆炸。

3. 独头掘进平巷火灾处理方法

1）当火灾发生在掘进巷道工作面时

一般来讲，这类火灾的处理比较简单，处理过程中也比较安全。此类火灾的特点及处理措施如下：

（1）此处火灾往往是工作面爆破或电气火花引起的，在初始阶段抓住时机直接灭火，成功率较高。

（2）工人易于发现，也易于撤退。在没有发生瓦斯爆炸的情况下，几乎没有人员伤亡。

（3）在发火初始没有引起爆炸的情况下，若正常涌出瓦斯，只要保持正常通风（工人撤退时不要停掉局部通风机），是不易构成爆炸条件的。这是因为工作面瓦斯涌出后，随着火焰的燃烧而耗失，不易积聚到爆炸浓度。但工作面附近有积存瓦斯的断层或旧巷时，因火灾烧毁支架造成冒顶，沟通了断层或旧巷，瓦斯大量涌入火灾工作面，还是有发生瓦斯爆炸的可能。

（4）当瓦斯浓度在2%以下时，人员可靠近火源，利用干粉灭火器、水等直接灭火。

（5）若局部通风机已经停转，救灾人员应先测定瓦斯浓度和氧气浓度，然后根据有无爆炸可能确定行动对策。

（6）当直接灭火不可能或无效时，立即确定合适的密闭位置封闭火区。

2）当火灾发生在巷道中部时

处理这类火灾比处理工作面火灾要复杂得多，此类火灾的特点及处理措施如下：

（1）火灾发生后最易烧断风筒，火焰点以里容易造成瓦斯积聚。

（2）难以测定火焰点以里巷道中的瓦斯、氧气浓度及其变化情况。

（3）火焰的燃烧最易发生冒顶，既堵塞了人员通道，又堵塞了风流回路，增加了救灾的难度。

（4）应设法直接灭火，用水灭火时，水量要充足，要防止水蒸气伤人或水煤气爆炸。

（5）火焰点以里有遇险人员待救时，在灭火的同时，可打开压气管阀门加大压气量或将水管改送压气，以延长遇险人员待救时间，降低瓦斯浓度。但供气量不能过大，以免把高浓度瓦斯吹向火焰点引爆。

（6）在救人灭火的同时要严密监视瓦斯情况，并分析判断发生爆炸的可能性。

（7）如有可能（火势不大、未产生冒顶等），救护队员可穿过火区救人，同时在火焰点以里打上风障，阻止瓦斯向外涌向火源；也可打开水幕，甚至拆除几架木支架，以阻止火灾蔓延。

（8）火源以里无人时，可用惰气或氮气灭火。

（9）因人力、物力不足或火势太大，在短期内不能扑灭火灾时，或火区瓦斯浓度已超过 2% 并继续上升，火源以里瓦斯情况不明时，应在巷道口附近封闭火区。

（10）在救灾过程中，严禁用局部通风机和风筒把火源以里的瓦斯排出经过火点，以免发生瓦斯爆炸。但火源点至巷道口之间可用风流吹散烟雾、排出瓦斯、降低温度，以创造良好的救灾条件。为确保安全和避免火势增大，风筒的出风口距火源点有一段距离为宜。

3）当火灾发生在掘进巷道入口部位时

此处发生火灾，火源点以里巷道较长，瓦斯积聚达到爆炸浓度需要较长的时间。因此，独头巷道口着火引起瓦斯爆炸的可能性低于巷道中部火灾，但又高于工作面火灾。此处火灾的特点及处理措施如下：

（1）距贯穿风流较近，供氧充足，因此火焰易于向贯穿风流蔓延，易酿成大火。

（2）烧断了风筒，断绝了局部通风机往掘进巷道的供风，但向巷内涌入的烟气热量少（靠扩散和热传导作用），火焰靠热对流供氧，只能向里扩展一小段距离。此后的巷道内缺氧，火焰不可能无限制地向内燃烧，烟气也不会扩散很远。因此，发生这类火灾人员被困在巷内时，加强灭火，保证人员不受威胁是有可能的。例如，某低瓦斯矿，巷道口局部通风机处因电缆短路引起火灾。火顺着风流燃烧，风筒被烧断，当时掘进巷道中有 8 人工作，其中 1 名工人发现后自己慌忙跑出，因迷失方向，在沿回风撤退途中死亡。其余 7 人在巷道里待命。救护队经十几个小时的直接灭火，将火势压下，然后进入巷内，给遇险者佩戴 2 h 呼吸器后安全撤出。而实测火焰燃烧巷道深度只有 4～5 m，烟雾和热量导入 40～50 m。又如，某瓦斯突出矿井在巷道掘进中发生突出，突出的瓦斯被明火引燃，并产生了 3 次爆炸。经救护队几天的苦战扑灭了这场大火，根据现场检查，在掘进巷道交岔点（入口）以外的有风流的巷道中可燃物全部烧尽，而交岔点以里（向掘进工作面方向）的可燃物只燃烧了 30 m，45～50 m 以里不但可燃物没有燃烧，而且气温低于正常巷道，这是因突出的瓦斯吸热所致。

（3）抓紧时机，立即直接灭火，同时撤出火源点以里的所有人员。

（4）如有可能，立即在火源点以里打上风障，打开水幕，阻止火焰向里蔓延。

（5）立即撤出贯穿回附近的人员。

（6）如火势较大，无法直接灭火时，应立即在巷道口设密闭墙封闭火区。

4. 独头掘进上山火灾处理方法

此类巷道中的火灾处理比较困难。由于是斜巷，救灾人员进出都不方便，运送救灾物资也比较困难，水压不足，特别是此类巷道中发生火灾极易烧毁支护，造成冒顶，直接威胁下面救灾人员的安全。斜巷建造封闭墙也不容易。此处火灾处理可采取如下措施：

（1）掘进工作面发生火灾，在瓦斯浓度不超过 2% 时，灭火中应加强通风，排除瓦斯，同时立即进入实施直接灭火。

（2）如工作面瓦斯涌出量较大，瓦斯浓度逐渐上升时，要立即把人撤到安全地点，远距离封闭。

（3）中段发生火灾，没有相当的把握时，不得直接灭火，要在安全地点进行封闭。

（4）如果局部通风机停止运转，不管火灾发生在何处，在无须救人时，严禁进入灭火或侦察，而要立即撤人，远距离进行封闭。

5. 独头掘进下山火灾处理方法

此处火灾处理也有其特点：救灾物运送方便，水压较大，但救灾人员易受烟流侵袭，一旦出现危急情况，人员不易撤出。此处火灾处理可采取如下措施：

（1）工作面发生火灾时，在通风情况下，瓦斯浓度不超过2%时，可直接灭火。

（2）中段发生火灾时，一般不宜直接灭火，要远距离封闭。

十一、回风大巷火灾处理

回风大巷发生火灾时，受到威胁的人员较少。因此，处理此处火灾，首先把少数回风侧的人员立即撤出，再进行直接灭火。灭火时要注意如下要点：

（1）一般不能改变风流方向，但必要时可减少风量以控制火势。

（2）火源进风侧有较大的瓦斯源时，应立即封闭，防止高浓度瓦斯流经火源时，发生爆炸事故。

（3）火灾处理结束后，应立即畅通此处巷道，以保持矿井通风系统正常运行。

十二、回风井筒火灾处理

回风井筒火灾尽管不易造成人员伤亡，但会影响矿井通风，也会影响风井井口建筑物及人员的安全，此处火灾处理应注意如下要点：

（1）回风井筒发生火灾，要保持风流方向不变。

（2）为了防止火势增大，应减少风量。其方法是控制入风防火门，打开通风机风道的闸门，停止通风机或执行抢救指挥部决定的其他方法（以不能引起可燃气体浓度达到爆炸危险为原则）。当停止主要通风机时，应注意火风压可能造成的危害。

（3）多风井通风时，灾区所在的回风井的主要通风机不得停风。

十三、矿井火灾事故处理案例

1. 事故情况

某年1月12日16时35分，某矿业公司+311 m主石门，在煤层中掘进轨道运输巷时，由于爆破引起瓦斯燃烧，如图5-18所示。

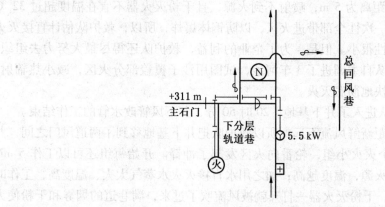

图5-18 某矿业公司"1·12"矿井火灾事故示意图

2. 抢救经过

在听取了事故汇报以后，指挥部立即作出了如下命令：

（1）立即撤出井下所有人员。

（2）保持局部通风机的正常通风，并由专人负责此项工作。

（3）立即调局中队 1 小队来矿业公司作地面待机队。

（4）由队长负责，再次对火区组织侦察，待侦察小队从灾区出来以后，再确定灭火方案。19 时 30 分，侦察结束，灾区中的情况：巷道内平均温度在 45 ℃ 以上，接近火源 7 m 左右温度高达 80 ℃ 以上，通风正常，能见度 15 m，瓦斯浓度为 0.6%，一氧化碳浓度为 0.048%。煤巷工作面 5 架金属支架被毁，垮落煤炭约 15 t 左右。掘进工作面 2/3 的暴露面上出现了明火，1/3 的暴露面上大火正熊熊燃烧，火苗长 30 cm，呈直线型，有转移现象，情况非常危急。

指挥部听取了侦察的汇报后，认为目前通风正常，风量充足，燃烧充分，没有瓦斯积聚，主要要解决以下两个问题：

第一，必须解决好既要正常供风，又要有利于灭火的矛盾。

第二，必须避免水蒸气伤人及水煤气爆炸的问题，避免高温对人体的伤害，防止扩大灾情。为此，救护队向指挥部建议，在距火源 15 ~ 20 m 处，先做高达巷道半腰以上密闭挡水墙。在保证正常通风的情况下，人远离火区进行水淹火区，用水降温，用水蒸气灭火。

由于煤矿水源有限，连吃水都比较困难，水淹火区大约需水近 100 t，要准备那么多水很困难。同时，指挥部的同志们也认为独头巷道外因火灾很简单，可以用其他办法灭火，于是，指挥部作出了如下决定：

（1）仍然由队长组织和实施直接灭火方案，1 小队在地面待机。2 小队及公司 3 名队员入井灭火。

（2）由公司及局救护队准备干粉和泡沫灭火器，由救护队员用灭火器扑灭明火。

（3）待明火熄灭后，再用水浇灭余火，冷却火区。

（4）由公司负责供应材料，先安排人将井下的风管改为水管，灾区由救护队员接胶管。

由于独头巷道灭火不顺风流方向，掘进工作面火大，温度高，故灭火队员距火源较远，而干粉灭火器有效距离为 5 m，喷射不到火源，且干粉灭火器不宜在温度超过 32 ℃ 的环境下保存，不允许一次性全部带进火区，以防钢体爆炸，所以，救护队估计直接灭火困难很大，成功的可能性很小。但是，为了企业的利益，救护队还得尽最大努力去组织、试验。与此同时，救护队自主调进了 3 车河沙，试图用沙子覆盖部分火区，减小热辐射，以尽可能靠近火区，尽快地彻底灭火。

20 时 10 分，救护队进入了井下基地。20 时 50 分，井下风管改水管的工作结束。

由于主石门中风门距新鲜风流不远，所以救护队把井下基地移到了两道风门之间，井下 12 名指战员分为 3 个灭火小组，轮番向火区发起了冲锋。开始每组还可以工作 5 min 左右，后来，人越逼近火源，温度越高；加之用水直接灭火水蒸气太大、温度高，工作时间只能坚持 2 min 左右。干粉灭火器一打开就被风流吹了过来，满巷道的烟雾和干粉使人看不清，而且泡沫灭火器对熊熊燃烧的大火根本不起作用。队员们一边用沙子覆盖，一边用水浇火区，虽然，最后可以逼近火源边了，但由于距掘进工作面不远处发生了冒顶，人在冒顶区外，水喷不进去，也抛不进去沙子，里面火势不减，所以条件越来越恶劣。

十几个回合后，火势仍不减。为了防止事故扩大，造成不必要的伤亡事故，队长将队伍撤到了井下基地，让大家休息。同时，向指挥部汇报直接灭火失败，请示指挥部可否改用其他灭火方法。指挥部指示：可以，但一定要注意安全，并随时向指挥部汇报。

救护队召开了灭火工作现场会，经反复研究，制定了以下灭火方案，经请示指挥部同意后，立即下达了作战命令。

第一，由公司负责准备好料石、黄泥，做好随时用水淹火区的准备。

第二，用6 m长的铁管，从巷道中部经冒顶区，使管的前端伸至火源前沿，后端接胶管前端，固定好水管。然后，人员撤至安全地点打开水管闸门，淹灭火区。

第三，将干粉灭火器口对准局部通风机进风口，利用局部通风机将干粉送至火区，使火区窒熄。

第四，30 min 后先关水，继续通风15 min，待水蒸气排出后，人员进入侦察。同时，变换水管的位置，再次打开水管闸门注水及向火区进行干粉灭火，如此反复进行。即使火不能全灭，但总可以减小火势，为最后的直接灭火创造条件。

21时5分，救护队开始按上述灭火方法进行灭火。50 min 以后进入火区观察时，发现取得了令人满意的效果。整个巷道全是干粉，工作面只剩下少许明火，火区温度也降低了许多，人完全可以接近火源了。

为了巩固已经取得的成果，又改变了水管位置，重新打开水管向火区浇水及施放干粉灭火，同时，将这一意外的成功汇报指挥部。

如此反复地进行灭火，在1月13日1时40分，火区基本熄灭，工作面水温在25 ℃以下，瓦斯浓度稳定在0.5%，一氧化碳浓度为0，人员不佩戴呼吸器也可以自由进入了。

为了防止复燃，救护队建议指挥部派工人挖出火源。同时，派1小队担负井下值班，以防不测。至此，抢险工作基本结束。救护大队2小队归队，6时，井下待机1小队也归队了。抢救工作共持续了12 h 15 min。

3. 经验总结

(1) 救灾处理决策正确。派专人负责保持局部通风机的正常通风，为直接灭火创造了条件。

(2) 在条件允许的情况下，在靠近火源处构筑一定高度的密闭挡水墙，用水淹火区，可实现人远距离灭火，安全可靠。

(3) 在用水灭火时，为防止水煤气的爆炸，一定注意将工作面的水蒸气排放出来。

(4) 这次独头巷道火灾扑灭的成功之处在于大胆创新，对扑救方法没有生搬硬套，在采用干粉和泡沫灭火器不见效的情况下，采用沙子覆盖火区、干粉灭火器与局部通风机配合使用及水淹等方法都取得了明显的效果。

第五节 矿井灭火方法

《煤矿安全规程》规定，任何人发现井下火灾时，应视火灾性质、灾区通风和瓦斯情况，立即采取一切可能的方法直接灭火，控制火势，并迅速报告矿调度室。矿调度室在接到井下火灾报告后，应立即按灾害预防和处理计划通知有关人员组织抢救灾区人员和实施灭火工作。

矿井火灾处理最重要的工作内容就是灭火，想方设法将火势控制住，不使火势扩大；不使火灾造成人员的烧伤、烫伤、灼伤；不使火灾造成人员中毒窒熄；不使火灾造成瓦斯、煤尘爆炸。每一矿井都要做好防灭火的基础工作，认真遵守《煤矿安全规程》的有关规定，做到防患于未然。矿井灭火方法可分为直接灭火法、隔绝灭火法和综合灭火法。

一、直接灭火法

直接灭火法是用灭火器材（如水、沙子、黄泥、岩粉、化学灭火器等），在火源附近直接扑灭火灾或挖出火源，这是一种积极的灭火方法。

（一）用水灭火

水是最经济、最有效、来源最广的灭火材料。一般采用水射流和水幕两种形式。

1. 水的灭火作用

（1）水枪射流具有强有力的压灭火焰的机械作用。

（2）水的热容量大，1 L 水转化为水蒸气时，能吸收约 2256.7 kJ 的热量，所以用水灭火吸热能力强，冷却作用大。

（3）1 L 水全部汽化时可生成 1700 L 水蒸气，大量水蒸气可以冲淡空气中的氧气浓度而包围、隔离火源，对火源起窒息作用。

（4）水能浸透火源邻近燃烧物，能够阻止燃烧范围的扩大。

2. 用水灭火的注意事项

（1）灭火人员应站在火源的上风侧，并要保持有畅通的排烟路线，及时将高温气体和水蒸气排出。如果人员站在下风侧会受到高温和火烟的侵害，并易受到冒顶和高温水蒸气的伤害。

（2）要有足够的水量。少量的水或微弱的水流，不但灭不了火，而且在高温下能分解成氢气和一氧化碳（水煤气），形成爆炸性混合气体。

（3）扑灭火势猛烈的火灾时，不要把水射流直接喷射到火源中心。应先从火源外围开始喷水，随着火势的减小再逐渐逼近火源中心，以免产生大量水蒸气或燃烧的煤块、炽热的煤渣突然喷出而烫伤人员。

（4）不能用水扑灭带电的电气火灾。

（5）油类火灾若用水灭火时，只能使用雾状的细水，这样才能产生一层水蒸气笼罩在燃烧物的表面上，使燃烧物与空气隔离。若用水射流灭火可使燃烧的液体飞溅，又因油比水轻，可漂浮在水面上，易扩大火灾的面积。

（6）要保证正常风流，以便火烟和水蒸气能顺利地排到回风流。

（7）经常检查火区附近的瓦斯和风流变化情况。

3. 用水灭火的适用条件

用水灭火费用低、效果好、速度快。但用水灭火也有其局限性：电气火灾和油类火灾不宜用水来扑灭；井巷顶板受高温作用后易破坏，被冷水冷却后易冒顶垮落；要铺设供水管路，并在地面建造蓄水池。

一般用水灭火的适用条件如下：

（1）发火地点明确，人能够接近火源。

（2）发火初期，火势不大，范围较小，对其他区域无影响。

（3）有充足的水源，供水系统完善。

（4）火源地点通风系统正常，风路畅通无阻，瓦斯浓度低于2%。

（5）灭火地点顶板完好，能在支护掩护下进行灭火作业。

经验证明，在井筒和主要巷道中，尤其是在带式输送机巷道中装设水幕，当火灾发生时立即启动，能很快地限制火灾的蔓延扩展。

在火势无法控制，又无其他有效的灭火措施时，也可用水淹没火区。但在恢复生产时需付出大量的费用和人力。

（二）用沙子或岩粉灭火

把沙子或岩粉直接撒盖在燃烧物体上将空气隔绝，使火熄灭。沙子或岩粉不导电并有吸收液体的作用，故适用于扑灭包括电气和油类火灾在内的各类初起火灾。

沙子或岩粉成本低廉，易于长期保存，灭火时操作简单，所以在机电硐室、材料仓库、炸药库、绞车房、通风机房等地方，都应备有防火沙箱。

（三）用化学灭火器灭火

目前，煤矿上使用的化学灭火器有两类：一类是泡沫灭火器．另一类是干粉灭火器。

1. 泡沫灭火器

泡沫灭火器的结构如图5-19所示。使用时将灭火器倒置，使内外瓶中的酸性药液和碱性药液互相混合，发生化学反应，形成大量充满二氧化碳的气泡喷射出去，覆盖在燃烧物体上隔绝空气。气泡中放出的二氧化碳也有助于灭火。在扑灭电气火灾时，应首先切断电源。

2. 干粉灭火器

干粉灭火器具有轻便、易于携带、操作简单、能迅速灭火等优点，可以用来扑灭矿井初起的各类小型火灾。

常用的干粉灭火剂有碳酸氢钠、硫酸铵、溴化氨、氯化铵、磷酸铵等。其中以磷酸铵用得最多。

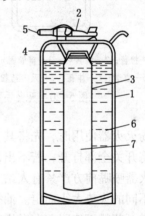

1—机身；2—机盖；3—玻璃瓶；4—铁架；

5—喷嘴；6—碱性药液；7—酸性药液

图5-19 泡沫灭火器

磷酸铵用于灭火时，将其喷洒在燃烧的火焰上，立即分解吸热，扑灭火焰。其灭火原理如下：

（1）磷酸铵粉末以雾状飞扬在空气中，切断火焰连锁反应，阻止燃烧的发展。

（2）化学反应过程中要吸收大量热量，降低燃烧物的温度。

（3）化学反应时分解出氨气、水蒸气，使燃烧物附近空气中氧气浓度降低，延缓燃烧的发展。

（4）反应最终产生的糊状物质五氧化二磷覆盖在燃烧物的表面，并能渗透到燃烧物内部，使燃烧物与空气隔绝而熄灭。

干粉灭火一般用于火灾初始阶段、火势范围不大的情况下，一般有灭火手雷、喷粉灭火器及灭火炮。

灭火手雷常和干粉灭火器配合使用，即先用灭火手雷扑灭较大的火源，然后用干粉灭火器扑灭残火，有时也可单独使用。

灭火手雷的结构示意图如图5-20所示，内装磷酸铵药粉1 kg，其总重1.5 kg，灭火范围为2.5 m，普通体力可投掷10 m远。使用时将护盖拧开，拉出火线，立即投向火源。操作者投掷后，立即隐蔽，以防弹片伤人。

喷粉灭火器的结构如图5-21所示，内装药粉5~6 kg，用液态二氧化碳作为动力，通过喷射管从喷嘴将药粉喷射成粉雾。有效半径可达5 m左右，喷射时间为16~20 s。高压钢瓶的容积为2 L，液态二氧化碳质量不小于240 g。

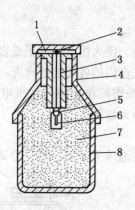

1—护盖；2—拉火环；3—雷管固定管；4—外壳盖；
5—雷管；6—炸药；7—灭火药粉；8—手雷外壳

图5-20　灭火手雷

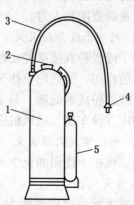

1—机筒；2—机盖；3—喷射胶管；
4—喷嘴；5—二氧化碳钢瓶

图5-21　喷粉灭火器

喷粉灭火器使用时，先将其上下颠倒数次，使药粉松动，然后缓慢开启压气瓶。若出粉，可将开关全部打开；若不出，要立即关闭开关处理堵塞的管后才能继续使用。使用时喷粉灭火器喷嘴前方严禁有人站立，以确保安全。喷射时喷嘴离火源的距离应根据不同的火灾、不同的火势大小而定。油类火灾，距离可大些，因为太近时粉流速度太快，可能使燃油飞散，药粉不能附着在燃烧物的表面反而加剧燃烧；煤、木材等固体可燃物火灾，其距离可近些，使高速粉流射入燃烧物内部，提高灭火效果。

灭火炮的结构如图5-22所示，它以压缩空气为动力，将灭火炮弹远距离发送到火区，爆炸后撒开药粉而扑灭火灾。炮筒内径为106 mm，长620 mm，炮体总重约30 kg。灭火炮弹结构示意图如图5-23所示。

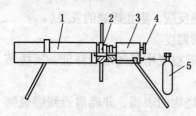

1—炮筒；2—拧环；3—气包；
4—压力表；5—压力钢瓶

图5-22　灭火炮结构

灭火炮是在气包中的压缩空气达到一定压力时，使0.5 mm的钢纸片破裂，将炮弹发射到火区。使用时解开保险片，拉出拉火钩的半部并用保险片挡紧，然后塞入炮筒，使拉火钩头推入炮筒的拉火卡子中，拉火卡子将火帽拉着，炮弹到达火区即爆炸，使灭火药剂爆撒于火区进行灭火。

但灭火炮在矿井井下的使用受到限制，因为井巷空间小，直巷少，另外灭火炮使用时，炮弹飞行不稳、命中率低，对拉火雷管精度要求高，所以灭火炮很难在煤矿井下广泛使用。

这几种灭火工具中较为常用的是喷粉灭火器。平时应在重要地点设置一定数量的喷粉灭火器。为防止药粉吸湿结块，灭火器喷嘴要用塑料布严密包扎好。平时灭火器应置于通风干燥的储存室，并有专人保管，每隔半年检查一次，如发现药粉结块，要立即倒出来烘、晒干，捣碎后继续使用。

（四）用高倍数泡沫灭火

泡沫灭火器是一种简易的泡沫发生装置，发泡量较少，主要用于小范围的火灾。如果扑灭大范围的火灾，可用高倍数泡沫发生装置灭火。

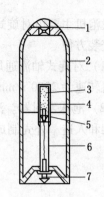

1—弹头；2—弹体；3—炸药；
4—炸药管；5—拉火雷管；6—拉火
雷管固定管；7—拉火药

图 5-23 灭火炮弹

高倍数泡沫是高倍数空气机械泡沫的简称，是以表面活性物为主要成分的泡沫剂（脂肪醇硫酸钠和烷基黄酸钠的混合液），按一定比例混入压力水中，并均匀喷洒在发泡网上，借助风流吹动而连续产生气液两相、膨胀倍数很高（200~1000）的泡沫集合体。

高倍数泡沫灭火成本低、水量损失小、速度快、效果明显，可在远离火区的安全地点进行灭火。

1. 高倍数泡沫灭火的原理

（1）当泡沫充满巷道进入火区时，泡沫液膜上的水分蒸发能吸收大量的热，起冷却降温作用。

（2）泡沫汽化产生的大量水蒸气使火源附近的氧气浓度相对降低，在氧气浓度降到16%以下、水蒸气含量上升到35%以上时，火就会熄灭。

（3）泡沫覆盖火源后隔绝燃烧物与空气的接触，起到封闭火区和窒息燃烧的作用。

此外，泡沫隔热性好，救护人员可以通过泡沫接近火源，采取积极措施直接扑灭火灾。

2. 高倍数泡沫发生装置

我国常用的高倍数泡沫发生装置的型号有 BGP-200 型、SGP-180 型、QGP-200 型等，常用的是 BGP-200 型，这里仅以 BGP-200 型为例说明其工作原理、主要结构及保养和故障排除。

1）BGP-200 型高倍数泡沫发生装置的工作原理

此种泡沫发生装置属于防爆型可移动式中型发泡装置。通过潜水泵排出的泡沫溶液（泵吸水口同时吸水和泡沫剂），以一定的压力（0.1~0.14 MPa）经旋叶式喷嘴，均匀地喷洒在棉线织成的双层发泡网上，借助于通风机风流的吹动，即可连续产生大量的空气机械泡沫。其泡沫性能稳定，输送泡沫的能力较强，在 6 m² 断面的平巷中输送泡沫距离可达 250 m 以上。发泡工艺流程如图 5-24 所示。

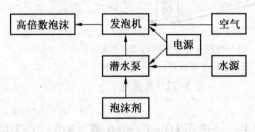

图 5-24 发泡工艺流程

2）发泡机的构造

发泡机主要由对旋式轴流通风机、泡沫发射器以及潜水泵等供液系统组成，可拆卸抬运，安装方便。

（1）对旋式轴流通风机。对旋式轴流通风机主要的技术特征：工作轮直径为500 mm，通风机转速为2900 r/min，风量为150~250 m³/min，全风压为900~2400 Pa。

（2）泡沫发射器。泡沫发射器的结构如图5-25所示。它是发泡机的关键部位，用金属活架和人造革外壳制成折叠式发射器，方形出口，易于嵌入临时密闭中。

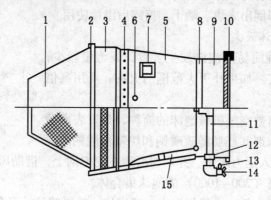

1—发泡网组合件；2—固定销；3—网框；4—薄钢带；5—人造革风筒；6—U形管水柱计接头；7—观察窗；8—喷嘴；
9—圆筒；10—连接卡子；11—连接管；12—锁紧螺母；13—压力表；14—水带接头；15—活节支架

图5-25　泡沫发射器

泡沫喷嘴是泡沫发射器产沫量大小、质量好坏的主要部件之一，其结构如图5-26所示。喷嘴叶轮是借助于压力水流的冲击使叶轮旋转的，共有10个叶片，每个叶片扭角为30°，在叶轮旋转离心力的作用下，泡沫溶液能均匀地喷射到网面上，与所供风流分布相吻合，即产生大量的泡沫。因为叶片工作时处于高速旋转状态，所以不易被水中的煤屑、沙粒等物所堵塞，这是此种喷嘴的独特之处。另外，其工作水压较低，在90 kPa水压时，便达到正常喷洒的要求。

发泡网也是产生高倍数泡沫的主要部件之一，其结构如图5-27所示。

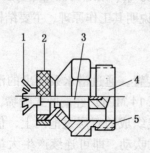

1—叶轮；2—调节套；3—心轴；
4—支座；5—本体

图5-26　泡沫喷嘴

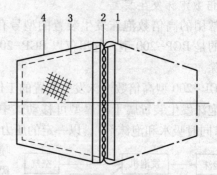

1—网框（铝合金板）；2—尼龙绳；
3—第一层棉线网；4—第二层棉线网

图5-27　发泡网

（3）供液系统。供液装置以采用潜水泵为主，一般用QV-1½-6型、JQB-21-2型潜水泵即可满足使用要求。

对潜水泵性能要求：扬程在 5 m 以上，流量不少于 15 m³/h。为了保证按比例抽吸泡沫剂，将潜水泵的原环形吸水口改成一根吸水管，并在吸水管上装设滤网、吸药管及控制阀门。

我国常用的高倍数泡沫发生装置的主要技术特征见表 5-1。

表 5-1 高倍数泡沫发生装置的主要技术特征

项 目	BGP-200 型	SGP-180 型	QGP-200 型	GF-180 型
泡沫量/(m³·min⁻¹)	190~220	180~200	40~55	—
出口直径/mm	—	650	400	1000
泡沫倍数/倍	700~800	680~750	350~500	600~700
水轮工作水压/MPa	—	0.5~0.7	0.45~0.7	0.3~0.45
水轮工作水量/(m³·min⁻¹)	—	1.1~1.2		
驱动风压/Pa	1700	1000~1200		
喷液量/(L·min⁻¹)	250~300	250~300		
风泡比	1.05~1.25	1.15~1.18		
功率/kW	2×4	6.3~8.4		
质量/kg	225	65	8	32

3）高倍数泡沫发生装置的保养和故障排出

（1）发泡机是一种专用消防设备，平时应处于备战状态，应从以下几方面注意保养：

①发泡机是轻质材料制成，在搬运过程中要轻抬轻放，防止损坏机体。

②每次使用后，水带和发泡网等部件要清扫干净，防止沤烂。

③潜水泵和比例混合器使用后要抽吸清水洗净，防止残液滞留而锈蚀机体。

④喷嘴的旋叶易损坏，要注意保养。

⑤要特别注意保护好观测驱动风压的玻璃管水柱计。

（2）在灭火过程中，发泡机产生的泡沫既要满足数量要求，又要满足质量要求，而发泡机产生泡沫的数量和质量与很多因素有关，下面介绍在发泡过程中经常碰到的问题和解决方法：

①随着发泡时间的增长，泡沫量增多，对出口处密闭的压力增大，常常会出现漏泡沫的现象，严重时会影响正常发泡，因此，一旦发现有漏泡现象应立即堵严。

②在发泡过程中，有时会出现泡沫稀稀拉拉，有飞泡现象，泡沫量小，稳定性不好。产生这种现象的主要原因包括：

首先是风泡比失调。其主要原因是风速大，解决的办法是调小通风机进风口，减少进风量，使风泡比配合适当。

其次是药剂浓度低于配方下限范围。主要原因：一是配药时比例失调，加水过多，有效药量减少。这时应开大吸药阀门，增加吸药量来补救；二是吸药量太小，除控制阀开得小或接头有漏气现象外，应检查吸药管滤网是否堵塞；三是比例混合器及喷嘴等被堵塞，或水压过大，不但不吸药，有时还会出现倒水现象，应注意观察压力表，除去堵塞物。

再次是泡沫稳定性差，脱水快，发出的泡沫很快破灭。主要原因：一是配药时未加稳定剂，应补加稳定剂；二是喷嘴叶轮不转，水成股流喷出，这时应调节叶轮，使其正常旋转；三是泡沫剂质量不好，应适当提高药剂浓度；四是温度低于 15 ℃，药剂溶解差，这时应提高泡沫剂温度。

（3）不发泡或泡沫量很少。出现这种现象，可能是喷嘴叶轮碰坏或磨损冲掉，不能发泡；发泡网久用腐蚀，吹破或不牢固吹掉，不发泡。这种现象出现时，水柱计会突然下降。

（4）泡沫喷嘴偏移发泡网中心，使喷洒液在网面上出现不均，影响风泡比，泡沫量少，而且质量不好。

（5）潜水泵吸水口靠近水池或矿车边影响吸力，使用时应注意将潜水泵吸口放于水池中间。

（6）吸药管未完全插入药剂桶中或只吸沫不吸液造成吸入假象，影响泡沫量。

3. 高倍数泡沫灭火装置灭火工艺

使用高倍数泡沫灭火装置灭火时，使用的发泡剂主要为脂肪醇酸钠或烯基磺酸钠，可形成 700~800 倍的泡沫。当具有一定压力的水通过喷射泵时，由于喷嘴的作用使空气室形成真空，配制好的发泡剂通过胶管阀门被吸入水龙带与水混合，其浓度为 4%~6%。混合后的泡沫水溶液经喷枪喷出，形成的幕状水粒均匀地洒在两层锥形棉线网上，然后开动通风机，风流吹向锥形棉线网上的水溶液，即生成大量圆形泡沫。高倍数泡沫灭火装置如图 5-28 所示。

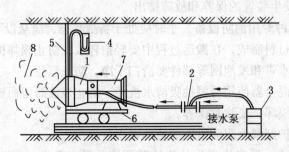

1—泡沫发射器；2—喷射泵；3—泡沫剂；4—水柱计；5—密闭墙；6—平板车；7—通风机；8—泡沫

图 5-28　高倍数泡沫灭火装置

灭火时，高倍数泡沫灭火装置应设在距火源较远处，因受装置能力的限制，距火源的总空间不应大于 500~1000 m³，同时要设置严密可靠的密闭墙，发射泡沫地点与火源之间的分支巷道应全部密闭。开动高倍数泡沫灭火装置后，生成的泡沫在通风机的风压作用下，携带大量的水分送入火源地，扑灭火灾。此时应注意观察水柱计，如水柱继续上升，表示泡沫正向火区推进；上升后逐渐平稳，表示泡沫正在扑灭火灾；水柱面平稳后又上升，表示泡沫已越过火源地。继续发射一段时间，然后救护人员佩戴氧气呼吸器进入火区侦察，处理残火。

4. 高倍数泡沫灭火时应注意的问题

高倍数泡沫灭火早在 1956 年就应用于矿井灭火，这种方法可用于较大型矿井火灾的灭火工作。尽管它常常不能完全扑灭火灾，但它具有降温、稀释氧气浓度等作用，也能给救灾工作赢得时间。但使用高倍数泡沫灭火时应注意如下几个问题：

（1）这种方法一般适用于距采煤工作面或未封闭采空区较远的巷道火灾，因为高倍数泡沫栓减小了风量，容易引起瓦斯积聚。

（2）这种方法不适用于熄灭发生在斜度大于1∶5的下山或1∶10的上山。

（3）这种方法不适用于熄灭煤体深部火灾，也不适于盲巷。

（4）进入高倍数泡沫灭火装置的风流不应含烟流或只含很少量烟流，因为烟流妨碍泡沫的形成。

5. 泡沫灭火新技术

前述的高倍数泡沫灭火中的泡沫是二相泡沫，即它是由液体膜与气体构成的。二相泡沫一般稳定性较差，有些二相泡沫由于其化学成分的作用，对人体是有害的，所以可在二相泡沫中加入一些固化物质，这样形成的泡沫为三相泡沫。三相泡沫形成后，经过一段时间，由于固体粉末（固化剂）胶结而形成固态，从而使三相泡沫不收缩，不破坏，稳定性好。从长远发展看，特别是从扑灭煤矿井下巷道冒落空洞及沿空侧空洞中的自燃火灾的需要看，三相轻质固化泡沫是泡沫灭火的一种发展方向，而无机固体三相泡沫正符合这些要求。

1）无机固体三相泡沫的原理

无机固体三相泡沫由气源、泡沫液、无机固体粉末组成。气源可以是空气，也可以是惰气。泡沫液由水添加起泡剂、稳定剂、悬浮剂等组成。无机固体粉末包括多种，有煤灰、矸石粉等固体废弃物，还有起固结作用的水泥及添加剂等惰性粉料。

泡沫液和气源提供的气体共同产生二相泡沫作为固体粉末载体，由无机固体粉末固结提供骨架支撑而形成有一定强度的固态泡沫体。在此过程中，有起泡作用的起泡剂，增加泡沫稳定性的稳泡剂，促进无机固体粉末均匀分散的悬浮剂，加快无机粉末固结的促凝剂，还有无机固体粉末在固结过程中产生的各种物质及用化学方法产生惰气的各种反应物。这些物质除各自发挥它们的作用外，互相之间还存在协同、促进、制约等各种影响作用。

2）无机固体三相泡沫的技术性能

无机固体三相泡沫是无毒、安全、环保、适用范围广、可操作性强的煤矿井下防灭火新材料，其中的充填剂可以由附近的固体废弃物组成，也可由水泥和少量添加剂组成，主要性能如下：

物理化学性质	粉状、无毒、无味、惰性
泡沫倍数	5~10 倍
适用水灰比	0.6~1.5
凝胶时间（25 ℃）	0.1~30 min
气密性（堵漏风率）	＞90%
稳定性	凝固后不塌陷，不收缩
强度	10~120 kPa

3）无机固体三相泡沫的主要特点及适用条件

同目前正在使用的一些防灭火材料相比，无机固体三相泡沫有如下特点：

（1）该材料不但可直接用于灭火，也可用于堵漏风防火。

（2）泡沫流动性好，灭火泡沫胶凝早，强度增长快，强度高，可快速熄灭高顶火灾。

（3）材料易取，安全性好，环保性好，成本较低。

灭火用的无机固体三相泡沫主要适用于煤巷高顶火灾的快速扑灭，泡沫直接触及高顶着火点，直接灭火，堆积的固体泡沫体充填巷道形成严密隔离带。

4）无机固体三相泡沫配套发生装置及充填工艺

（1）无机固体三相泡沫的配套发生装置。无机固体三相泡沫 GFMH 系列配套发生装置有 3 种规格，整个设备由干粉供给装置、水及溶液供给装置、气体供给装置、泡沫发生装置、断电保护系统和输送部分组成。

整机有可移动式和固定式两种。电力驱动及控制部件均具有防爆功能，适用于具有瓦斯及煤尘爆炸危险的煤矿井下。其主要技术性能如下：

泡沫额定生产能力	3 m³/h, 10 m³/h, 20 m³/h
额定压力	1.2 MPa, 2.4 MPa, 5.0 MPa
供水压力	≥0.2 MPa
泵转速	292 r/min
额定电压	380/660 V
电动机额定功率	4.0 kW, 7.5 kW, 11 kW
防爆型式	ExdI
外形尺寸	2000 mm×1000 mm×1395 mm
质量	1.2 t
输送胶管规格	ϕ32 mm
输送胶管长度	7100 m

（2）无机固体三相泡沫的充填工艺。无机固体三相泡沫的充填工艺可分为高冒顶空洞充填作业工艺和沿空侧空洞充填作业工艺两种。

高冒顶空洞充填作业工艺如图 5-29 所示。沿空洞中心位置依次向巷道纵向两个方向打钻下套管，根据泡沫流动性确定最小管径，根据泡沫堆积性确定最大管距，管顶距空洞顶留有 0.2~0.5 m 距离，管底伸出巷顶 0.1~0.2 m，且具有与胶管快速插接的结构。对于巷顶空洞扩展到巷侧壁上方一定深度的情况，此钢管可沿巷顶向空洞深度倾斜，其管顶倾斜距离应不超过管距为宜。

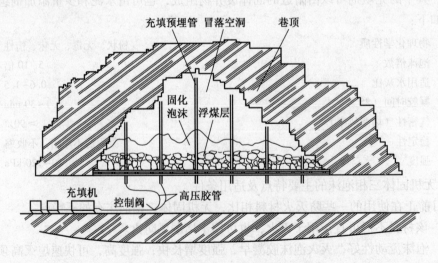

图 5-29　高冒顶空洞充填作业工艺

充填时沿中心位置的预埋管依次向四周充填，每个位置每次充填一定时间，如此循环可使泡沫有效初凝和增加强度，有利于泡沫的稳定。因此要求充填机泡沫输送胶管具有一定长度（100 m以上），且在充填端设有分支及控制阀门，以实现充填点移动过程中的连续作业。如此循环作业直至下一个钢管排出泡沫时，说明此位置已被充填至空洞顶。

沿空侧空洞充填作业工艺如图5-30所示。由于无机固体三相泡沫良好的堆积性能，可手持胶管向空洞内直接充填，无须其他准备工作。充填时应沿巷道纵向移动充填，移动速度视堆积情况而定，且同时应向空洞深度往返移动。当泡沫沿巷壁位置堆积一定高度时，只需做些简单的遮挡即可实现泡沫的堆积，工艺十分简单。

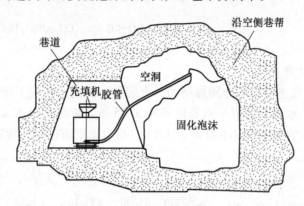

图5-30 沿空侧空洞充填作业工艺

无机固体三相泡沫是当今世界上采煤国家广泛应用的新型防灭火材料。它的应用将使煤矿用于防灭火的成本降低，施工工艺简单、效果可靠、持久，对预防井下煤炭自燃提供了更加安全有效的保证，为解决高冒顶空洞火灾处理这一难题提供了新的方法手段，为煤矿日常防灭火工作提供了先进的材料、装备。同时，由于无机固体三相泡沫大量使用固体废弃物，大大地减少了环境污染，节省了大量的环保资金，因此此项新技术具有广阔的发展前景。

（五）用燃油惰气灭火

燃油惰气灭火就是用惰气发生装置产生惰气，注入火区灭火。用惰气扑灭矿井火灾，一般是在不能接近火源，以及用其他方法直接灭火具有很大危险或不能获得应有效果时采用。它的主要优点：惰化火区空气，既能灭火，又能抑制瓦斯爆炸；能使火区造成正压，减少向火区漏风；惰气容易进入冒落区的小孔、裂缝，起到灭火作用；灭火后的恢复工作比较安全、迅速、经济，设备损害率小。惰气灭火的种类较多，用于矿山灭火的，主要是运用燃油除氧原理的惰气发生装置，将制取的惰气发射到火区，用以扑灭封闭的火区或有限空间内的火灾。下面简单介绍我国研制的DQ-500型惰气发生装置。

1. 工作原理及构造

1）工作原理

DQ-500型惰气发生装置以普通民用煤油为燃料，在自备风机供风的条件下，在特制的喷油室内适量喷油，通过启动点火，引燃从喷嘴喷出的油雾，在有水保护套的燃烧室内进行燃烧，高温燃烧产物经过烟道内喷水冷却降温，即得到符合灭火要求的惰气。

2）装置的构造

DQ-500 型惰气发生装置由供风装置、喷油室、风油比自控系统、燃烧室、喷水段、封闭门、烟道、供油系统、控制台及供水系统等部分组成，如图 5-31 所示。

2. 技术性能

DQ-500 型惰气发生装置的技术性能如下：

产生惰气量	400~500 m³/min
耗油量	12~15 kg/min
耗水量	15 m³/min
出气口温度	<90 ℃
整机全长	10.5 m
气体成分	$O_2 \leq 3\%$，$CO < 0.4\%$，$CO_2 = 9\% \sim 18\%$，$N_2 > 85\%$
质量	900 kg

3. 使用方法及注意事项

DQ-500 型惰气发生装置属非防爆型的灭火装置，因此，在井下使用时，一是要安装在入风侧，有电源、水源，巷道平直长度不小于 15 m，断面大于 4 m，巷道风量不小于 250 m³/min，操作区的瓦斯浓度不得大于 0.5%，粉尘浓度应控制在规定的范围内。

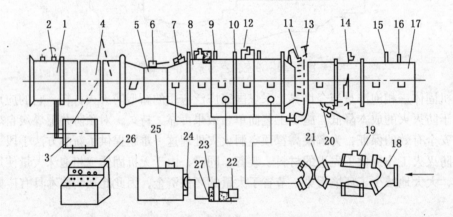

1—进风筒；2—自控传感器（皮托管 1 件）；3、22—电动机；4—风机；5—正流段；6—点火线圈；7—点火器；
8—燃烧室；9—安全阀；10—快卸环；11—喷嘴；12—压力传感器；13—水环；14—封闭门；
15—温度传感器；16—取气管；17—烟道；18—分水器；19—滤水器；20—水漏；21—三通管；
23—油泵；24—油电机与开关；25—油箱；26—操作台；27—回油铜管

图 5-31　DQ-500 型惰气发生装置

1）操作程序

（1）在整机连接安装好后（在巷道里应采取后退式安装），首先检查风机、水泵及油泵的转向，风油经自控信号的基础电压应符合出厂检验标准值。

（2）开机时，油门角度处于最大位置，过 5 s 后，启动水泵供水。经过 70 s 水套充满水，待喷水环处有压力时，开始点火。2 s 后启动油泵供油燃烧，由于燃烧火焰及喷水的作用产生阻力，使风量减少，经风油自控系统，油门可随之关小（整个启动过程是由时间继电器控制的，按一下按钮即可完成启动全过程）。

（3）在整机启动后进入正常发气时，注意观察水压、油压和油门角度以及出气温度表的变化，在操作过程中，操作者注意观察油压表和油门角度指示值。从油门角度与油量及油压与油量的关系曲线得知，当油门角度在 20°~40°、油压在 2.5~3.9 kPa，其油量近似相等。只要根据上述数值，即可判断燃烧状态即风油比的变化情况。

（4）发气结束时，先停油泵、风机，延续 2 min 后，关水泵，并立即关闭烟道中的封闭门，以防止停机后空气进入火区助燃。如果在启动或停止过程中，需要风机、水泵、油泵单项试运转时，按强制按钮即可。

2）注意事项

（1）在连接供油系统时，先不接喷油嘴，开油泵循环 10 s，将油泵和管路充满油，再将出油管接到喷嘴上，可避免油泵空转、叶片卡死。

（2）所有供油系统接头处不得漏油，一旦发现漏油不得开机，防止影响燃烧和引起着火。

（3）注意观察油位指示器液面界线值，及时往油箱里补充燃油。注意过滤，确保油质，以防堵塞喷油嘴。

（4）机器开动后，注意巡视，发现问题及时处理。

（5）不得随意扭动多圈调位器位置。

（6）安装点火器时，必须把引燃管安牢。

4. 故障原因及排除办法

故障原因及排除办法见表 5-2。

表 5-2 故障原因及排除办法

不正常现象	原　因	排除办法
供水量不足，机体表面过热，出口温度过高	1. 水泵反转 2. 泵吸水口堵塞 3. 管路破漏 4. 喷水嘴堵塞	1. 调正转向 2. 消除堵塞物 3. 更换 4. 消除堵塞物
供油压力变化	1. 风油比自控基数电压变化 2. 喷油嘴堵塞，压力升高 3. 油路漏油压力降低	1. 按使用说明书调整到规定值 2. 消除 3. 拧紧接头或更换
点不着火	1. 电没接通或接触不良 2. 火电极积炭 3. 点火线圈或导线受潮 4. 油路中有气泡 5. 点火油量过大将火花淹灭 6. 回油孔垫与点火高压胶管孔垫没安装	1. 检查接好 2. 去掉积炭 3. 烘干或更换 4. 排除 5. 减少油量 6. 检查安装定量孔铜垫
氧气浓度偏高	1. 供油量少 2. 风油比自控基数电压偏低、供油偏小	1. 加大油量 2. 基数电压调整到规定值

5. 维护与保养

（1）每次使用后，管路接头都要加盖封闭，以防进脏物堵塞喷嘴。

（2）在搬运装卸过程中，要注意保护快卸环及法兰盘，避免摔碰变形。

（3）喷油室两端加堵盖封存，保护喷油嘴和火焰稳定器。

（4）用后打开水套下面的放水口，将水套内的水放干以防锈蚀。

（5）操作台和点火线圈在搬运中要轻放，避免碰撞和剧烈振动，并存放在干燥处。

（六）挖除火源灭火

挖除火源灭火，就是将着火带及附近已经发热或正在燃烧的可燃物挖除并运出井外。这是一种扑灭火灾最简单、最彻底的方法，一般适用于火灾初始阶段，燃烧物较少，火势和火灾范围都不大的情况下，特别适用于煤炭自燃火灾。但前提条件是火源位于人员可直接到达的地点。挖出火源时必须注意以下几点：

（1）挖出火源工作要由矿山救护队担任。

（2）在挖出火源前，应先喷浇大量压力水，待火源冷却后再挖。挖出的可燃物，如仍有余火，要用水彻底浇灭，再运离火源点。

（3）随时检查温度和瓦斯浓度。应在火源温度不高（煤体温度不超过 40 ℃时）的情况下挖出火源。当发现瓦斯浓度达到 1% 时，应立即送风冲淡瓦斯。但要注意因送风而引起火势增大的危险。如不能冲淡瓦斯，应将有关人员全部撤出。因此，在整个挖除过程中，必须有瓦检员在场经常检查瓦斯浓度。

（4）挖除火源的范围要超过发热煤炭 1~2 m。挖除煤炭时，如使用炸药爆破，炮眼的温度不得超过 45 ℃；否则，应采取措施降低炮眼温度。

（5）挖除火源后的空间要用沙、石、黄土等不燃性材料填实封严。

（七）直接灭火事故处理案例

1. 用水灭火

某县办国营煤矿年产量为 15.5×10^4 t，煤层倾角为 26°，高瓦斯矿井。抽出式通风，六号、七号井入风，四号、五号井回风，箕斗提升。某年 10 月 27 日凌晨 3 时 45 分，通往该矿的高压线路断线一相。变电所人员没有及时处理，引起七号井下部巷道的 5.5 kW 水泵电动机和 11 kW 局部通风机烧毁，导致电缆着火，如图 5-32 所示。发火后，四号、二号井浓烟滚滚，四号井底的工作人员全部升井，在七号井工作的 11 人、六号井东翼大巷和采煤工作的 136 人情况不明。矿领导于 5 时 20 分召请县矿山救护队救援。

县矿山救护队 5 时 27 分接到召请电话，3 个小队迅速奔赴事故矿井。到达后，听取了矿方对事故情况的介绍，发现全矿还在停电，但六、七号井仍然进风，四、五号井仍然回风。四号井烟雾大，井口的一氧化碳浓度高达 0.088%。

1）灾区侦察和制定方案

为了掌握井下遇险人员的位置和着火情况，矿山救护队决定：二小队（值班队）、一小队从二号井进入，经西下山进入七号井西大巷侦察；三小队在七号井口待机，来电后立即下井直接灭火。

侦察小队沿西下山向下侦察时，烟雾逐渐增大，温度由 35 ℃上升到 48 ℃。在距西下山与西大巷交汇处 5 m 时，由于巷道正在砌碹，只能通风不能行人，未发现遇险人员和火源。于是停止前进，撤回设在六号井西大巷的井下基地，并向调度室汇报了进入西下山侦

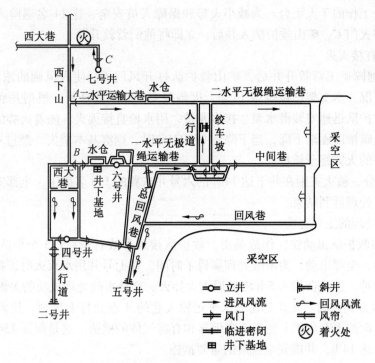

图 5-32　用水扑灭某矿火灾事故示意图

察的情况。

为保证抢救工作紧张而有序地进行，经研究成立了抢救指挥部，并制定了事故处理方案：

（1）除矿山救护队指战员外，下井救灾的其他人员不准超越六号井西大巷 B 处的第一道风门。第二道风门由救护队加固并设立安全岗哨。

（2）由矿山救护队在西下山与二水平运输大巷交汇处的 A 点挂一道风帘，防止火灾烟雾向东蔓延，以保证六号井东翼遇险人员的安全。

（3）入井侦察的一小队进入六号井东翼采煤工作面寻找遇险人员。

（4）来电后，救护队携带灭火装备，乘罐进入七号井，用水直接灭火。

2）营救遇险人员

根据事故处理方案，矿山救护队在 A 点挂上风帘后，基本上切断了七号井的火烟从 A 点进入二水平运输大巷的通路。此时，在自然风压的作用下，矿井的通风路线：六号井进风→一水平无极绳运输巷→人行道→二水平无级绳运输巷→采煤工作面→回风巷→总回风巷→五号井排出地面。这样，在六号井东翼大巷和采煤工作面的 136 名遇险人员，就免除了火灾烟雾和有害气体的侵袭。矿山救护队进入后，立即引导他们全部集中在一水平无极绳运输巷的新鲜风流中。待七号井火灾扑灭、井下烟雾消除后，再从二号井升井。

8 时 50 分，高压线路修复，矿井送电。在队长的带领下，矿山救护队携带灭火装备乘罐进入七号井。在井底发现在七号井工作的 11 名矿工全部在井底。其中有 4 名在七号井西大巷掘进工作面作业的矿工，在 1 名老工人的带领人，用毛巾捂住嘴穿过火区，与在七号井进风处工作的 7 人汇合。为减小火势和保障人员安全，这 11 名遇险人员集中到井底并关闭了防火门 C。矿山救护队入井后，立即将他们营救升井。

3）用水直接灭火

将 11 名遇险矿工营救升井后，矿山救护队打开风门 C，使入风侧的浓烟逐渐消失。发火地点的情况：木支架已被烧毁 15 m，火势很大，并继续蔓延。根据井底水源充足的有利条件，救护队迅速安装潜水泵、接水龙带，用水枪直接灭火。随着火势的减小，四号井底的一氧化碳浓度逐渐下降，当下降到 0.0025% 时，烟雾基本消失。经过 4.5 h 的紧张战斗，七号井的火灾终于被扑灭。

17 时 45 分，被火灾困在井下达 14 h 的六号井东翼的 136 名矿工，全部安全升井。至此，矿井火灾处理胜利结束。

4）火灾处理的主要经验

（1）矿山救护队出动快，作战英勇。救护队接到事故召请后，3 个小队在 32 s 内就集合准备完毕，全部出动，为事故处理赢得了时间。在七号井用水灭火时，指战员发扬特别能战斗的精神，连续奋战 4.5 h 将熊熊大火扑灭。这是事故处理成功的关键。

（2）抢救方案正确。尤其是在二水平运输大巷的 A 点处打上风帘，使六号井东翼大巷和采煤工作面的 136 名矿工免受火灾烟雾和有害气体的威胁。这是保证 136 名遇险矿工在井下待救长达 14 h，并能安全脱险的重要措施。

（3）矿工自救措施得力。在七号井西大巷掘进工作面作业的 4 名矿工自救意识强，果断地穿过火区与七号井进风处的 7 名矿工汇合。为减小火势和保障人员安全，他们全部集中到七号井底并关闭了防火门 C。这一避灾自救措施是完全正确的。在六号井东翼大巷和工作面的 136 名遇险人员，在矿安监科长的组织下，成立了自救临时领导小组。在长达 14 h 的避灾期间，大家情绪正常，听从指挥，严守纪律。这为抢救工作的顺利开展创造了有利条件。

2. 用惰气灭火

某年 8 月 9 日 18 时 30 分，某煤矿一号井一水平井底车场变电所变压器低压输出电缆爆炸火花引燃变压器的漏油，造成变电所木棚及主提升斜井木棚燃烧，发生重大火灾事故（图 5-33）。当班在回风侧工作的 27 人，除两人快速撤离外，其余全部遇难。该矿属劳改煤矿，年产量 $5×10^4$ t，低瓦斯矿井，中央并列式通风，平硐暗斜井多水平开拓，多级绞车提升。

该矿在事故发生后，错误地停止了矿井主要通风机，并派消防队员从进风的主提升斜井进入灭火。由于火风压造成风流逆转，救灾中又有 23 人遇难。某局矿山救护队等奉命处理这次事故，由于着火地点不清，且入回风煤柱已燃，矿山救护队用水直接灭火未能奏效。为防止矿山救护队在直接用水灭火时发生瓦斯爆炸，抢救指挥部决定全矿井封闭，待矿井火灾熄灭后再搬运遇难人员。全矿井封闭工作由该局救护队负责。顺序为先建风井密闭（图 5-33 中 2 处），留一个 800 mm×800 mm 的孔洞。然后打开主平硐至风井的 3 道风门（图 5-33 中 A 处），开启主通风机，风流短路后再砌主平硐密闭（图 5-33 中 1 处）。最后封堵密闭 2 的孔洞。

为使火区尽快熄灭，早日启封搬运遇难人员，该队提出用 DQ-500 型惰气发生装置向井下火区发射惰气，这一建议被指挥部采纳，并由该队实施。该队将 DQ-500 型惰气发生

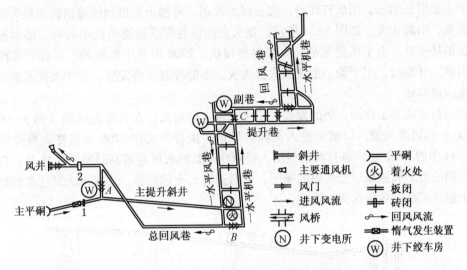

图 5-33　用惰气扑灭某矿火灾事故示意图

装置安装在主平硐密闭 1 的外面，将注惰筒穿过密闭墙。在回风井密闭 2 中安设一个直径约 10 cm 带阀门的钢管泄气孔。根据井下巷道长度和断面，计算出井下被封闭的空间为 11700 m³，预计燃油 400 kg 发射的惰气可以将井下空间的空气全部置换。为此，该队于 8 月 14 日、8 月 22 日、8 月 30 日分别燃油 400 kg、350 kg、250 kg，向密闭内发射惰气。第一次发射前，密闭内温度为 55 ℃，一氧化碳浓度为 0.24%，瓦斯浓度为 1.3%。发射后，测得密闭 1（进气侧）内温度为 32 ℃，一氧化碳浓度为 3.95%，瓦斯浓度为 0.95%，氧气浓度为 6%；密闭 2（排气侧）内一氧化碳浓度为 0.083%，瓦斯浓度为 0.18%，氧气浓度为 10.9%。第二次发射前，测得进气侧密闭内瓦斯浓度为 0.65%，二氧化碳浓度为 3.06%，氧气浓度为 5.3%，一氧化碳浓度为 0.018%。注气后未进行检测。第三次发射前，测得进气侧密闭内瓦斯浓度为 0.52%，二氧化碳浓度为 3.21%，氧气浓度为 0.43%，一氧化碳浓度为 0。估计井下火灾已经熄灭。但为了安全起见，仍然进行了第三次发射。

　　根据发射惰气及其检测情况，抢救指挥部命令该救护队进入侦察探险。9 月 15 日，救护队在主平硐密闭 1 外建一道锁风墙，然后将密闭 1 打开一个 800 mm×800 mm 的孔洞，进入密闭内部，直到井底车场变电所。侦察结果：整个巷道视线清晰，一氧化碳浓度为 0，温度为 21~20 ℃。故确定矿井火灾已经熄灭。指挥部决定：将密闭 1、2 拆除，然后分段侦察，分段恢复通风。第一步先解放主提升斜井至风井，即打开总回风巷至一水平井底车场的 3 道风门（图 5-33 中 B 处），然后开启主要通风机。第二步侦察一水平机巷至一水平风巷。确认无火源后，关闭 B 处的 3 道风门，打开一水平机巷至一水平风巷的联络风门（图 5-33 中 C 处），解放一水平机巷和风巷。第三步侦察一水平至二水平机巷、风巷。确定无火源后，再关闭 C 处风门，恢复整个矿井的通风，并搬运遇难人员。至此，用 DQ-500 型惰气发生装置扑灭矿井大面积火灾的战斗结束，惰气灭火获得圆满成功。

　　3. 用高倍数泡沫灭火
　　某年 2 月 23 日 5 时，某煤矿西翼 2706 工作面中巷因刮板输送机故障过负荷，而液压联轴节未使用易熔塞，用螺钉代替，失去保护作用，再加上当班刮板输送机司机失职，在现场睡觉，引起火灾，如图 5-34 所示。发火点在该巷带式输送机机尾与第二部刮板输送机机头的搭接处。由于风量充足，火势发展较快，2706 中巷中的胶带、浮煤、木棚等很快被引燃。开始时，用干粉、泡沫灭火器灭火，不能控制火势发展。由于水源不足，用水灭火也未能奏效。

矿山救护队为了控制火势的发展，于火灾发生的当天，在火源进风侧（图 5-34 中的 A、B 点）挂风障两道，以减少进入火区的风量。接着，又在 2706 中巷将火源进回风处（图 5-34 中的 1、2 处）各打两道板闭，将 400 m 长的火区巷道临时封闭。24 日，打开火区进风侧的板闭和探断层开切眼的密闭，分两路进入火区侦察，均发现火区还在燃烧。因此，决定采用高倍数泡沫灭火措施。

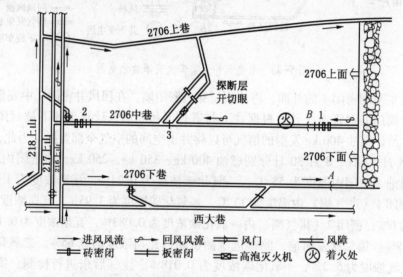

图 5-34　用高倍数泡沫扑灭某矿火灾事故示意图

由于工作面探断层开切眼处有砖闭一道，且处于进风流，因此将高倍数泡沫灭火机设在该巷道内。高倍数泡沫灭火的方案：分两次发泡，先灭西部 200 m 巷道的火。在发泡前，于 25 日和 26 日分别在火区进回风侧的板闭外各建造两个砖闭，在密闭上留泄压孔，并做好高倍数泡沫灭火的各项准备工作。26 日 20 时 5 分开始，发泡 57 min，耗药量 270 kg，使西部约 200 m 长的巷道内充满泡沫。发泡时将西边密闭上的泄压孔打开，高泡从孔中出来后即关闭。23 时，由探断层开切眼处进入在 3 处打一板闭，将西部巷道 200 m 发泡区封闭。27 日 21 时，进行第二次发泡，发泡时间为 63 min，耗药量为 315 kg，使泡沫充满东部 200 m 巷道。发泡时将东边密闭上的泄压孔打开，泡沫从孔中出来后即关闭。发射高倍数泡沫后，救护指战员进入灌满泡沫的巷道内，冒着高温用 3 路水管破泡沫灭残火。4 h 后，残火全部扑灭。28 日 4 时，灭火战斗胜利结束，工作面恢复正常通风。

4. 用干粉灭火

某矿东翼的绞车上山和联络巷交叉处发生高顶火灾。该巷道断面为 7 m²，通过风量为 2900 m³/min。顶板为泥质页岩，局部冒高约 3~5 m，全部用木垛充填。发现高顶发火后，火焰已开始向绞车上山蔓延。矿山救护队在处理火灾时，先采取措施调整了风流，使绞车上山由下行风改为上行风。然后，根据高顶火灾难以扑灭的特点，将7个灭火手雷塞进高顶的木垛和棚梁间隙中，引出拉火线，远距离拉线引爆，使干粉药剂撒布于高顶火区中，把约5 m长的高顶火灾压了下去。接着，又用两个喷粉灭火器扑灭高顶处的残余火，使火灾全部熄灭。后来，又采取用水浇灌的办法，熄灭了被冒落物压住的残火。这次灾害处理，历时6 h，将火灾全部扑灭，并恢复了正常生产。

二、隔绝灭火法

隔绝灭火法是建造密闭墙切断通往火区的空气，进而使氧气浓度降低，达到灭火的目的。这类灭火方法是在采用直接灭火法达不到预期效果，或人员不能接近火区时使用，即在通往火区的所有巷道内建造密闭墙，阻止空气进入火区，使火区中的氧气浓度逐渐下降，一氧化碳及二氧化碳浓度增高，使火自行熄灭的一种方法。

（一）封闭火区的顺序

隔绝灭火法构筑密闭墙时，选择什么顺序、在什么位置构筑非常重要。在多风路的火区构筑密闭墙时，应视火区范围、火势大小、瓦斯涌出量等情况综合分析后，决定火区巷道的封闭顺序。

在无瓦斯爆炸危险的矿井，应先考虑封闭主要进回风巷，后封闭其他次要巷道。

在有瓦斯爆炸危险的矿井，应先考虑封闭其他次要巷道，封闭其他瓦斯源，后封闭主要进回风巷。

在通风系统较复杂，而且瓦斯涌出量较大时，应根据火势大小、火区范围、瓦斯涌出量等情况综合分析后，决定火区巷道的封闭顺序。

火区封闭时，比较重要的是封闭主要进回风巷道，它直接关系到灭火效果的好坏，也会关系到灭火人员的安全。因此，合理地确定主要进回风巷的封闭顺序非常关键。常用的有如下几种方法：

（1）先进后回，即先封闭进风巷，后封闭回风巷。采用这种封闭方法能迅速减少火区流向回风侧的烟流量，使火势减弱，为建造回风侧防火墙创造安全条件。但进风侧构筑防火墙将导致火区内风流压力急剧降低。火区大气压力降低，与回风端负压值相近，造成火区内瓦斯涌出量增大。特别是可能从通往采空区及高瓦斯积存区的旧巷或裂隙中"抽吸"大量瓦斯，并因进风侧封闭隔断机械风压的影响，使自然风压起主要作用，引起风流紊乱流动，使得涌入火区瓦斯与风流充分混合并流入着火带，引起瓦斯爆炸或"二次"爆炸事故。

（2）先回后进，即先封闭回风巷，后封闭进风巷。这种封闭方法使燃烧生成物二氧化碳等惰性气体可反转流回火区，可能使火区大气惰化，有助于灭火。另外，火区内大气气压升高，减小火区内瓦斯涌出量；同时对相连采空区或高瓦斯积存区内瓦斯涌入火区有一定阻碍作用。但是，回风侧构筑防火墙艰苦、危险。在上述阻碍作用下，火区巷道瓦斯涌出量仍较大，致使截断风流前，瓦斯浓度上升快，氧气浓度下降慢，火区中易形成爆炸性气体，可能早于燃烧产生的惰性气体流入火源而引起爆炸。一旦出现突发事故，人员不便撤走，所以一般不采用此种封闭顺序。

（3）进回风巷同时封闭，即进风巷和回风巷两边同时构筑密闭墙。这种方法封闭时间短，能快速封闭火区，切断供氧，火区内瓦斯不易达到爆炸浓度，所以此种封闭顺序是首选的方法。在构筑密闭墙过程中要留有一定断面的通风口，保证供给的风量能使火区内瓦斯浓度在爆炸界限以下，当构筑完成时，应在约定时间内进回风侧同时将通风口迅速封闭，并立即将人员撤出。在封闭过程中，必须设专人检查瓦斯、一氧化碳等有害气体的变化情况。当瓦斯浓度达2%时，或有一定量的瓦斯向火区移动时，所有救灾人员应立即撤至安全地点。同时，在封闭过程中注入二氧化碳或氮气等惰气，会有利于火区封闭的安全。

综上所述，"先回后进"给回风侧构筑防火墙带来很大困难，在瓦斯涌出量大的火区爆炸危险性大，一般不宜采用。仅在火势不大，温度不高，无瓦斯存在时，为截断火源蔓延而采用。"先进后回"对回风侧构筑防火墙减少火源影响有利，在国内外均有采用，但瓦斯爆炸危险性仍然较大，不宜在火区与采空区或高瓦斯积聚区相连的情况下采用。"同时封闭"安全性较高，但应注意保证封闭的同时性。只要在火区中氧气浓度下降到12%之前，瓦斯浓度已升高到5%~16%的范围内，再加上自然风压（含火风压）作用，火区风流紊乱流动的影响，火区爆炸的可能性是存在的。

火区封闭后，火区内空气成分变化是比较复杂的。首先氧气浓度会迅速下降，同时瓦斯、二氧化碳和一氧化碳浓度会增大，其中有些气体具有可燃性和爆炸性。在封闭火区的经历中，曾有过封闭结束后发生瓦斯爆炸的事例，所以，封闭结束后，人员必须立即撤离现场。封闭的火区内可能发生瓦斯爆炸的时间，因火区大小、瓦斯涌出量、封闭条件不同而不同。

不管采用以上哪种封闭顺序，在有瓦斯爆炸危险的矿井，在封闭之前必须制定防止瓦斯爆炸的安全技术措施。

（二）封闭火区的方法和原则

1. 封闭火区的方法

（1）锁风封闭火区。从火区的进回风侧同时密闭，封闭火区时不保持通风。这种方法适用于氧气浓度低于瓦斯爆炸界限（氧气浓度小于12%）的火区。这种情况虽然少见，但是如果发生火灾后采取调风措施，阻断火区通风，空气中的氧因火源燃烧而大量消耗，也是可能出现的。

（2）通风封闭火区。在保持火区通风的条件下，同时构筑进回风两侧的密闭。这时火区中的氧气浓度高于瓦斯爆炸界限（氧气浓度大于12%），封闭时存在着瓦斯爆炸的危险性。

（3）注惰气封闭火区。在封闭火区的同时注入大量的惰性气体，使火区中的氧气浓度达到爆炸界限所经过的时间比爆炸气体积聚到爆炸下限所经过的时间要短。

后两种方法，即封闭火区时保持通风的方法在国内外被认为是最安全和最正确的方法，应用较广泛。

2. 封闭火区的原则

封闭火区的原则是"密、小、少、快"。"密"是指密闭墙要严密，尽量少漏风；"小"是指封闭范围要尽量小；"少"是指密闭墙的道数要少；"快"是指封闭墙的施工速度要快。

（三）密闭墙位置的选择

在选择密闭墙的位置时，人们首先考虑的是把火源控制起来的迫切性，以及在进行施工时防止发生瓦斯爆炸，保证施工人员的安全。密闭墙的位置选择合理与否不仅影响灭火效果，而且决定着施工的安全性。过去曾有不少火区在封闭时因密闭墙的位置选择得不合适而造成瓦斯爆炸。

1. 选择密闭墙位置应考虑的因素

（1）在保证灭火效果和工作人员安全的条件下，使被封闭的火区范围尽可能地小，密闭墙的数量尽可能地少。

（2）为便于作业人员的工作，密闭墙的位置不应离新鲜风流过远，一般不应超过10 m，也不要小于5 m，以便留出另构筑密闭墙的位置。

（3）密闭墙前后5 m范围内的围岩应稳定，没有裂缝，保证构筑密闭墙的严密性和作业人员的安全，否则应用喷浆或喷混凝土将巷道围岩的裂缝封闭。

（4）为了防止火区封闭后引起火灾气体和瓦斯爆炸，在密闭墙与火源之间不应有旁侧风路存在，以免火区封闭后风流逆转，将有爆炸性的火灾气体和瓦斯带回火源而发生爆炸。

（5）施工地点必须通风良好，施工现场要吊挂常开式电子式瓦检器或瓦斯探头。

（6）施工前必须派专人由外向里逐步检查施工地点前后6 m范围内的支护、顶板情况，发现问题及时处理。先清理顶、帮和底矸，然后进行架棚，只有施工地点确认无危险后方可施工。

（7）施工前要保证安全出口畅通。拆除密闭墙位置支架时，必须先加固其前后两组以上支架并清理杂物；若顶板破碎，应先用托棚或探梁将梁托住，再拆棚腿，不准空顶作业。

（8）在密闭墙中，应根据需要安设取气样及测温度，并装上放水管。

（9）保证墙体建筑质量，特别是要保证进风侧墙体的质量，砌墙时，应先留好通风口，将密闭用水泥或黄泥抹平后，方可堵上通风口。

（10）在运输平巷、回风平巷中构筑密闭墙要选在巷道支护完好、无片帮、无冒顶，保证施工人员安全的位置。如达不到该要求，应选择条件相对较好的地点进行维护后再从事构筑密闭墙的工作。

（11）在运输平巷、回风平巷间的联络巷中构筑密闭墙要选在巷道支护规整，帮顶完好，无片帮、无冒顶，距入回风口不超过6 m的位置。

（12）在倾角较大的巷道，密闭墙距下口距离要短，一般不超过2 m，在上口封闭则较容易些。

2. 采煤工作面发生火灾，密闭墙位置的选择

（1）在靠近工作面进风巷发生火灾，密闭墙应尽量靠近火源；回风巷的密闭墙应视烟雾和温度情况来决定其距离。这样的位置在封闭时间内积聚的瓦斯接触到火源的可能性较小，如图5-35a所示。

（2）在靠近工作面回风巷发生的火灾，进风巷密闭墙应从尽量缩小火区的原则出发，应尽可能靠近工作面；回风巷的密闭墙应距火源有一定距离。这样的位置在封闭完成前，瓦斯爆炸的可能性较小，如图5-35b所示。

（3）在工作面发生火灾，根据火灾发展，烟雾以及温度情况，可将进回风巷密闭墙

构筑在距工作面一定距离上下相对的位置，如条件允许，也可把进风巷的密闭墙靠近工作面，如图5-35c所示。

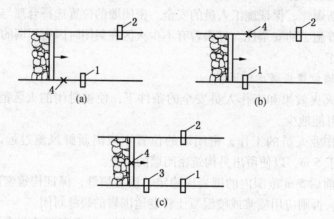

1—进风巷密闭墙；2—回风巷密闭墙；3—进风巷靠近工作面密闭墙；4—火源地

图5-35　采煤工作面密闭墙位置选择

（四）密闭墙的类型

隔绝灭火用的密闭墙，按其存在的时间长短和作用可分为临时密闭墙、半永久密闭墙、永久密闭墙及防爆密闭墙4种。

1. 临时密闭墙

临时密闭墙的结构简单，建造速度快，能迅速阻断火区供风，控制火势发展，并能为建筑永久密闭墙创造条件。但这类密闭墙一般耐火性差，漏风大，抗压能力差，不能彻底隔绝火区。这类密闭墙通常有风障、充气密闭、泡沫塑料密闭和木板密闭。

1) 风障

（1）人工风障。一般选用帆布、风筒布等制成，选择支架完整的地点（如无支架巷道，应先打好木支架、立柱）先立2~3根立柱，用钉子把风障密实地钉在支架的顶梁和立柱上，再用小板加固。底部用煤块、碎矸石紧压在底板上。

（2）伞状风障。形状是半球形和褶裙状，用耐火轻质材料制成。使用时往所需地点一挂，借助巷道的风力支撑开，紧贴在巷道壁上，切断风流。

2) 充气密闭

充气密闭又称气囊快速临时防火墙。它是一个由柔性材料（塑料、尼龙等）制成并充满压气（惰气或空气）的柔性容器。将它设置在巷道中，能具有与其他密闭同样的堵塞作用。由于充气密闭的安设和拆除仅是充气和放气，因此操作简单，速度快，又能够重复使用。如果气囊材料具有足够的强度，还能承受一定的爆炸冲击波。

3) 泡沫塑料密闭

泡沫塑料密闭又称泡沫塑料快速临时防火墙，它以聚醚树脂和多异氰酸脂为基料，另加几种辅助剂，分成甲、乙两组，按一定的配比组合，经强力搅拌，由喷枪喷涂在防火墙衬底（用草帘、麻布等透气织物作衬底）上，几秒钟内即发泡成型并硬化为泡沫塑料层，如此连续喷涂便可迅速形成严密的防火墙。泡沫塑料密闭具有质轻、防潮、抗腐蚀、耐燃及成型快等特点。

4）木板密闭

这是一种比较传统，使用较广泛的密闭，如图5-36所示。施工步骤如下：

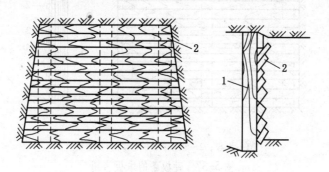

1—立柱；2—木板

图5-36 木板搭接的单排木板密闭

（1）施工前要保证安全出口畅通。在架棚巷道施工时，要拆除支架刹杆。拆除刹杆时要加固其前后两组以上支架。顶板破碎应先用托棚或探梁将梁托住，再拆除刹杆。刹杆拆除后要清净浮煤、浮矸。如在裸巷及锚杆巷道中施工时应掏槽。

（2）在构筑木板密闭墙时，必须打不少于4根的立柱，如巷道较宽时，可适当增加立柱。两帮的立柱要紧靠煤（岩）帮，立柱上下要有柱窝，柱窝深度不小于200 mm。立柱必须保持同一垂直面。

（3）临时木板密闭选用板材宽一般为200~300 mm，厚为20~40 mm，板材薄厚均匀，成矩形。立柱应选方木，方木规格根据巷道断面的大小和具体情况而定。

（4）从巷道顶部往下一块压一块地钉木板，木板应按鱼鳞式搭接，搭接压茬应控制在20~25 m，木板两端应按巷道插角做好抹斜，与煤（岩）帮保持均匀间隙，但不要紧贴煤（岩）帮，以防帮、顶来压时将密闭压坏，但间隙不超过20 mm。钉木板时，每块木板钉不少于8根的铁钉（每根立柱不少于两根铁钉）。每块木板钉两排铁钉，上行铁钉（第一块木板除外）要钉在上块木板上。若木板长度短，不能满足巷道全宽时，要用短木板搭接，但搭接处必须在立柱上，并保持接口垂直成线。顶部木板与顶板留有不超过20 mm的均匀间隙，底部木板与底板接触严密。

（5）临时木板密闭墙四周要圈边，所圈的木板边也要按鱼鳞式搭接施工。圈边木板长度根据现场实际情况选择，但应是木板墙所用木板宽度的1.5倍。圈边木板必须与帮顶接触严密，并由上向下施工。圈边木板的宽度应一致。

（6）临时性木板密闭墙也要安设观测孔、放水孔。

（7）密闭与围岩相接触的地方要堵塞，并用湿黏土仔细夯实。

（8）密闭的全部表面要用黏土涂抹。

图5-37所示为带板条的木板密闭，其木板用普通方法（木板边缘相邻紧接）钉到立柱上，而木板间的缝隙用板条堵塞。有时候，可在板条下铺设毛毡、帆布或其他密闭材料的垫。

5）临时密闭的质量标准

（1）密闭设在帮顶良好的巷道内，四周要掏槽，见硬底硬帮，与煤（岩）接实。

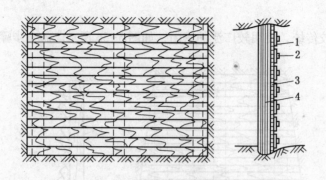

1—木板；2—板条；3—毛毡；4—立柱

图 5-37　带板条的木板密闭

（2）密闭前 5 m 内巷道支护完好，无片帮、无冒顶、无杂物、无积水、无淤泥，保持清洁卫生。

（3）密闭四周接触严密，木板密闭应采用鱼鳞式搭接，密闭要用灰、泥满抹或勾缝，不漏风。

（4）密闭前无瓦斯积聚。

（5）密闭前要设栅栏、警标和检查牌板。

2. 半永久密闭墙

半永久密闭墙使用时间较长，密闭性好，同时也便于启封。

（1）黏土密闭墙。施工时先选好两架完好支架，在每架支架上先打好 3~5 根支柱，支柱的打法同木板密闭一样，在内侧钉木板，中间填黄土，用木槌捣实，如图 5-38 所示。这种密闭隔绝性较好，但需要黏土较多。

（2）木段密闭墙。用旧坑木锯成 0.8 m 长的木段，然后一层木段一层黄泥垒砌，用木楔打紧，黄泥抹面，如图 5-39 所示。一般在作业场所条件差，搬运材料困难，又要求迅速封闭火区时采用。

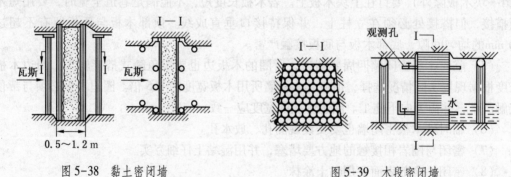

图 5-38　黏土密闭墙　　　　　　　　图 5-39　木段密闭墙

3. 永久密闭墙

永久密闭墙是用来长期封闭火区和采空区以及阻断风流的，所以对永久密闭墙的要求是既要坚固和密实，又要耐火和抗压。施工时应严格按《煤矿安全质量标准化标准》中通风部分标准及设计施工，一般选用砖、料石、混凝土等不燃性材料构筑。下面介绍几种永久密闭墙的构筑方法。

1）红砖密闭墙

红砖密闭墙是一种常用的永久性密闭墙，如图5-40所示。其施工方法及步骤如下：

（1）首先选好密闭墙构筑位置，拆除原有两组以上支架。拆除支架时，先加固好附近的支架，控制好顶帮。

（2）拆除支架后，找帮找顶，进行四周掏槽，掏槽时先上后下，掏槽要达到要求规格，见硬帮硬底。

（3）底板找平后开始砌筑红砖，铺红砖前先铺一层砂浆找平。砌筑墙体时，竖缝要均匀错开，横缝保持同一水平，所有缝隙排列整齐。密闭墙墙面要平整、砖缝要填满砂浆。

（4）有滴水的巷道要设有返水池或放水管，并保持水流畅通，不能漏风。返水池或放水管在密闭墙内外入出口的高度，应根据墙内外压差而定，既要保证墙内涌出的水不浸挡风墙，又要保证返水池或放水管不漏风。

（5）在砌筑过程中，要在密闭墙的中上部设观测管和措施管。观测管直径一般为25～50 mm，措施管直径在100 mm左右。观测管一般设在巷道中上部，两头在密闭墙的内外，有利于气体采样。放水管设在巷道的底部，制成U形，利用水封防止放水管漏风。措施管可根据具体情况来确定。

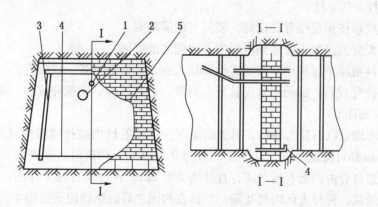

1—观测管；2—措施管；3—架棚；4—放水管；5—红砖

图5-40 红砖密闭墙

（6）密闭墙砌完后要勾缝或抹面，墙四周抹裙边，其宽度不小于0.2 m。勾缝时，勾缝宽度一致。抹面时，要抹平，打光压实。墙面要严实、抹平、刷白、不漏风。

（7）密闭砌完后，要对密闭墙前巷道支护进行检查，支护不合格时应重新架棚或补锚杆，进行加固。

（8）设置好栅栏、免进牌板、施工说明牌板及密闭墙检查牌板。栅栏要封闭巷道全断面的2/3。说明牌板应包括巷道名称、密闭性质、编号，检查牌板应包括有关气体浓度、温度等参数。

2）料石密闭墙

料石密闭墙的施工过程同于红砖密闭墙的施工过程，但料石密闭墙施工时更要注意横缝、竖缝的宽度。石楔的强度不低于料石本身的强度。勾缝的砂浆必须饱满，不出现干缝、瞎缝。图5-41所示为料石密闭墙结构示意图。

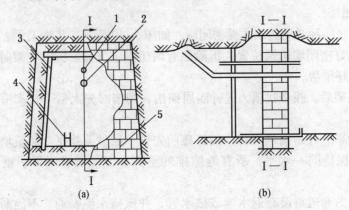

1—观测管；2—措施管；3—架棚；4—放水管；5—料石

图5-41　料石密闭墙

3）混凝土密闭墙

混凝土密闭墙属于一种灌注型密闭。其施工方法如下：

（1）在所选密闭墙构筑位置，拆除两架支架，找帮找顶，然后按规格掏槽，在沟槽的内外侧各打一行立柱。

（2）将模板按预定位置安设好，模板可随灌随安。

（3）将配好的混凝土灌注到模板内，要随灌随捣固。

（4）灌注混凝土过程中，按预定位置插入放水管、观测管、措施管。

（5）灌注完成后，四周用水泥抹平、封严，然后抹面。砌筑完成后，要注意保养。

4）石膏密闭墙

石膏密闭墙是以石膏为基料，另加助凝剂，在喷射机内搅拌喷灌成型的一种防火墙。喷灌后30 min即可凝固承压，其厚度一般为0.5~1 m。构筑时，要安设采样管、放水管和通过管。通过管由钢板卷制而成，直径为800 mm。通过管有两个作用：一是在封闭火区期间保持送风，稀释火区内部瓦斯；二是在封闭之后的燃烧熄灭过程中，可派救护队员由此进入火区侦察火情。通过管里端装有从外端操纵的密闭盖，根据需要而启闭。

5）永久密闭的质量标准

（1）用不燃性材料建筑，严密不漏风（手触无感觉，耳听无声音）。

（2）密闭前5 m内无杂物、无积水、无淤泥。

（3）密闭前5 m内支护完好，无片帮、无冒顶。

（4）密闭四周要掏槽，见硬帮硬底，与煤（岩）接触密实，并抹不少于0.1 m的裙边。

（5）密闭内有水的要设返水池（或放水管），有自然发火煤层的采空区密闭前要设观测孔、灌浆孔，孔口封堵严实。

（6）密闭前无瓦斯积聚。

（7）密闭前设栅栏、警标、说明牌板和检查牌板。

（8）墙面平整（1 m长度内凸凹高差不大于10 mm，料面勾缝除外），无裂缝、无重缝、无空缝。

4. 防爆密闭墙

在瓦斯含量较大的地区封闭火区时，为防止瓦斯爆炸伤人，可首先构筑防爆密闭墙。防爆密闭墙一般有水砂充填防爆密闭墙和砂袋防爆密闭墙两种。

（1）水砂充填防爆密闭墙。对于一些有水砂充填系统的矿井，可以用水砂充填来构筑防爆墙，其结构如图5-42所示。

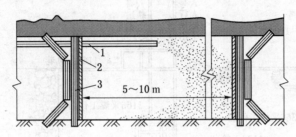

1—水砂充填管；2—滤砂挡墙；3—支柱

图5-42 水砂充填防爆密闭墙

（2）砂袋防爆密闭墙。可用砂袋或土袋堆砌构筑成防爆墙，其结构如图5-43所示。在构筑砂袋防爆密闭墙时，除了要安设采样管和放水管外，还要安设通过管。

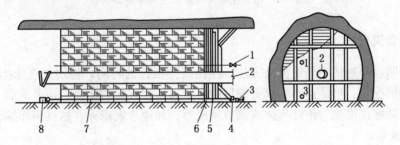

1—采样管；2—通过管；3—放水管；4—加强支柱；5—木板；6—立柱；7—砂袋；8—过滤头

图5-43 砂袋防爆密闭墙

（五）隔绝灭火事故处理案例

某年1月7日，某煤矿一井1366采煤工作面因摩擦产生火花，引燃瓦斯，随即又将采煤工作面的笆片、木棚、煤炭引燃，造成火灾事故，如图5-44所示。

事故发生后，抢救指挥部立即组织该矿有关人员和矿山救护队采用泡沫灭火机直接灭火。但由于灭火人员行动迟缓，贻误了战机，使火势加大。后来，又从回风方向向火源灌水灭火，因火区瓦斯骤增，只得停止灭火，采取通风措施降低瓦斯浓度。瓦斯排除后，由于火区附近冒顶，使采煤工作面通风受阻，若要用水灭火，必须清通冒落区。但是清巷工作一则困难大，二则有可能风路疏通后因供氧量增加而导致瓦斯爆炸。于是，指挥部决定采取最后措施，封闭采煤工作面。

矿山救护队封闭采煤工作面的方法和措施：在1366采煤工作面的上、下平巷先各筑1道厚度为5 m的砂袋防爆墙，再在防爆墙外各筑1道下厚为2 m、上厚为1.8 m的黄泥木段密闭墙。封口时，采区停电撤人，并派队员在交叉路口设岗。14日凌晨1时30分，上、下平巷密闭同时封口。采煤工作面封闭后，为防止发生意外，又于16日在回风平巷加筑了1道砖密闭墙。至此，1366采煤工作面火灾的封闭工作全部结束。采煤工作面火灾因隔绝供氧而自行熄灭。

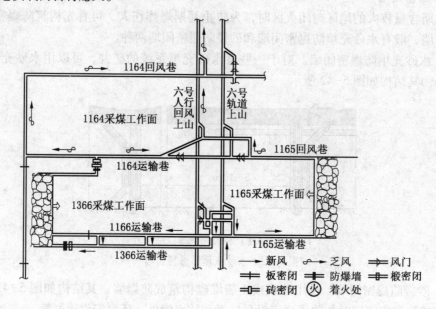

图 5-44 用隔绝法处理某矿火灾事故示意图

三、综合灭火法

实践证明，单独使用隔绝灭火方法，往往需要很长的时间，特别是在密闭质量不高，漏风较大的情况下，可能达不到灭火的目的。所以，在火区封闭后，还要采取一些积极措施，如向火区灌注泥浆、惰性气体或调节风压等，加速火灾熄灭，这就叫作综合灭火法。

（一）灌浆灭火

灌浆灭火浆材的选取、浆液的制备及灌浆工艺均与预防性灌浆类似，灭火原理也与防火相似，参见第三章第二节内容。

灌浆灭火的方法应根据矿井和火区的具体情况而定，一般可采取下述方法。

1）地面打钻灌浆

当矿井采深不大，火源距地面较浅，且地表又有黄土来源时，可从地表打钻孔把泥浆直接注入火区。这种方法的灭火效果在很大程度上取决于火源位置的确定和灌浆钻孔的布置是否正确。

火源位置的确定，主要是根据井下巷道和采区的布置，以及根据钻孔内测量的温度与地表裂缝冒烟等情况来圈定其位置。

灌浆钻孔的布置应遵守以下原则：

（1）钻孔应围绕火源沿煤层走向布置。

（2）不要将钻孔布置在地表塌陷区内。

（3）钻孔要打在采空区的空顶内，如果打在煤柱或冒落的矸石内，不容易灌入泥浆。

（4）布置钻孔网时，要估计到火灾蔓延的方向，以便形成泥浆围墙，阻止火焰蔓延。

钻孔打好后，灌浆顺序应先从外围钻孔开始，逐渐向火源中心的钻孔灌浆。火源只有在受到包围后，才能很快熄灭；否则，火势向四周发展，扩大火灾范围。

2）利用消火巷道灌浆

在井下火源四周开凿专用的消火巷道，直接接近火源进行注浆灭火。也可将消火巷道掘进到火区附近，再打钻孔穿入火区，然后灌浆灭火。这比消火巷道直接穿入火区要安全可靠。

无论采用哪种灌浆灭火方法，都必须先摸清火源的确切位置，使钻孔终点位置落在火源的上方，把浆液由上往下浇，只有这样，才能有效地覆盖火源，降低火温，最大限度地发挥灌浆作用。

（二）惰气灭火

惰气是指化学性质较稳定，不燃烧也不助燃的一些气体。将它充入已封闭的火区可以排挤和置换火区的空气，降低空气中的含氧量，冷却火源，增加密闭区内的气压，减少新鲜空气进入；同时，惰性气体易于渗入岩石的裂隙而包围燃烧物体，阻止其燃烧与氧化，从而能扑灭火灾。

惰性气体灭火后恢复生产容易，对设备损坏少，在封闭火区时还能抑制瓦斯爆炸。它既可以作为独立的灭火方法，即用惰气充满整个封闭区，也可作为灌浆灭火的辅助措施，定期往密闭内注入惰性气体，加速火区熄灭。但是，如果火区封闭不严，漏风量大，惰性气体大量漏出，不仅不能扑灭火灾，还会污染井下空气。在单独使用时，完全灭火的时间较长，火灾复燃的可能性大。

常用的惰气灭火有二氧化碳灭火、氮气灭火和燃油惰气灭火等。

二氧化碳灭火就是将固态（干冰）或液态二氧化碳放入密闭内立即封闭，在火温作用下就转化成大量的二氧化碳气体，吸收热量，降低火区内的氧气浓度，使火熄灭。

当火区范围不大、火势较小、缺少水源和其他灭火器材时，可采用二氧化碳灭火。火区内瓦斯涌出量较大时，也可用二氧化碳抑制瓦斯爆炸，为抢险救灾创造安全条件。

氮气灭火技术参见第三章第六节的内容。燃油惰气灭火技术参见第五章第六节的有关内容。

（三）均压灭火

均压灭火的原理与均压防火相同，即通过调整封闭火区进回风侧的压差，使压差达到可能的最小值或平衡，以减少漏风，加速火区熄灭。

均压灭火所采取的均压措施，参见第三章第五节的内容。

当矿井有两个风井处于对角式布置时，可以使一个防火墙受其中一个通风机的作用，另一个防火墙受另一个通风机的作用，从而达到减小进回风侧防火墙之间压差的目的，如图5-45所示。

当进风侧防火墙与回风侧防火墙所处的标高差很大时，由于火区里火风压的作用较大，单纯减小防火墙之间的压差，有时还不足以制止火区内的风流运动。此时最好设法把进风侧的防火墙与出风井贯通，回风侧的防火墙与入风井贯通，使火区内风流反向，如图5-46所示。

（四）综合灭火法案例

1. 矿井概况

某矿井于1983年12月移交投产，设计生产能力为300×10^4 t/a，瓦斯突出矿井，相对瓦斯涌出量为14.7 m^3/t，煤层自然发火期为3~6个月，中央并列单一对角混合式通风。

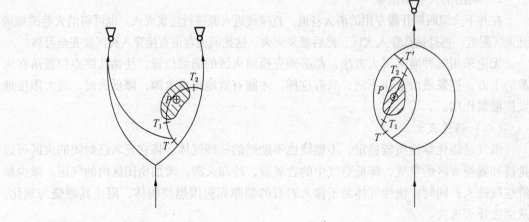

图 5-45 应用对角式布置的主要通风机灭火 　　　　图 5-46 使用风流反向灭火

2. 事故发生经过

某年 12 月 23 日 5 时许，该矿东翼带式输送机巷-540～-530 m 上山段过 C_{13} 槽煤层高冒区严重自然发火，如图 5-47 所示。经过紧张的抢险，于 12 月 25 日早班稳定了火情，中班恢复了生产。

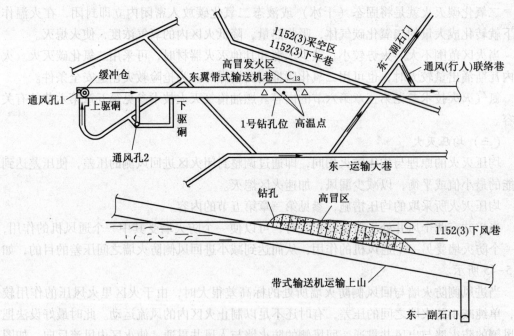

图 5-47 某矿东翼带式输送机巷高冒发火区示意图

该运输巷设计走向长 900 m，主体是平巷，平均标高为-540 m。其中变坡点至煤仓（缓冲仓）斜长约 200 m，安装 4 号带式输送机。缓冲仓上标高为-480 m。东翼带式输送机巷主要用于东部出煤运输，于 1999 年初正式投入使用。13-1 煤层平均厚度为 4.8 m，煤层倾角为 6°～8°，直接顶为砂质泥岩。过煤层施工大巷过程中发生顶煤高冒，冒顶高度达5 m，长度约10 m。采用木垛接顶，金属网、水泥背板腰帮过顶，U型钢支护，并进行喷浆处理。

（1）灭火方案的提出。5时45分救护队接警后迅速到达现场进行侦察。侦察结果：通风（行人）联络巷以上带式输送机巷浓烟弥漫，能见度小于1 m，联络巷口向上70 m巷顶部观察到木垛已被引燃。巷内一氧化碳浓度为0.22%、瓦斯浓度为0.3%、二氧化碳浓度为0.1%。第一救护小队首先在第一个高温点处用水管直接灭火，试图减小火势，效果不理想。虽然火区存在范围广、烟雾大、能见度低、一氧化碳浓度高等困难，但也具备上山运输、水、风、电完好，瓦斯浓度小等有利条件。灭火指挥组经认真研究后，慎重制定以下综合灭火方案：

①喷浆堵漏，初步隔绝供氧，控制烟雾。

②寻找高温点，采用直接打钻注水法，密集钻孔，吸热降温。

③火势得到控制后，利用双液注浆泵向高冒区注入凝胶，进行彻底隔离灭火。

④在综合灭火的同时，矿方准备封闭材料，以备灭火无效时实施封闭。

（2）灭火方案的实施如下：

①喷浆。由于火区煤壁温度高，喷浆难度大，且救护队无此专业人员。经研究决定，首先由救护队对矿方抽出的喷浆技术较高的专业人员进行短时间氧气呼吸器佩用培训，然后指派专职人员佩用呼吸器进入灾区，进行喷浆设备安装和材料提绞。23日20时，开始喷浆。喷浆覆盖东翼带式输送机巷过C_{13}槽煤层及其前后10 m的范围。由于环境恶劣，喷浆返弹率较大，工作十分困难，需补喷2~3遍。至24日8时50分，一氧化碳浓度由喷浆前的0.22%降至0.08%。10时40分又降至0.05%，烟雾也逐渐消退。15时，过C_{13}槽煤层段喷浆完毕。

②打钻注水。24日上午，在喷浆的同时，附近煤矿来协助处理火区。首先由救护队用红外测温仪探明3处高温点（图5-47中第二个高温点温度最高，喷浆表面最高温度达155 ℃），用煤电钻向高冒处高温点打了第一个钻孔（孔深7 m，此钻孔在第二个高温点上3 m处）。17时，救护队又利用快速防火枪在高冒发火区域内，对冒烟严重处和支架边缝进行堵漏，效果比较理想。

因考虑到注水时可能发生水煤气爆炸，人员撤至联络巷下口东一副石门。18时，开始注水。18时15分，救护队进行侦察，发现从支架边缝窜出蓝火，顶板未见淋水出现。人员撤下来汇报情况后，分析注水后产生水煤气发生燃烧。10 min后，再进行侦察，未发现蓝火，顶板开始淋水，出水温度为80 ℃。18时50分，一氧化碳浓度降至0.03%，烟雾减少。

夜班时，又在火点区域打了16个钻孔。因水量不够，临时把压气管改成水管，加强注水。至25日6时，一氧化碳浓度降至0.002%，钻孔出水温度为35 ℃，巷温为22 ℃，瓦斯浓度为0.25%，二氧化碳浓度为0.05%，无烟雾和水蒸气，火情基本得以控制。

③注凝胶。为了对事故区域进行彻底处理，灭火指挥组提出了进一步处理意见。主要包括：继续对高温区打钻注水；对整个过煤段继续喷浆堵漏；从25日早班开始安装双液注浆泵注凝胶，对火点彻底隔离。至25日11时20分，未测得一氧化碳，瓦斯浓度为0.1%，二氧化碳浓度为0.05%，钻孔出水温度为30 ℃，巷道气温为22 ℃。18时，带式输送机清理工作完毕后，矿方恢复生产。其间，凝胶注入量为755 kg。

3. 事故原因分析

（1）因冒高处漏风，造成煤自燃并引燃支护木垛。过煤段高冒区处理时采用木垛接顶，未用不燃性材料充填，为火势扩大提供了物质基础。

（2）受 1152（3）回采矿压影响，过煤段附近浆皮脱落，产生裂缝，同时过煤段高冒区与采空区裂隙沟通，形成漏风通道。另外，又是下行风，进而造成有适合自燃的连续供氧条件。

（3）因是冬季，通风眼被人为堵上，造成带式输送机巷处于微风状态，高冒区氧化热量不能被迅速带走，形成了良好的蓄热条件。

（4）由于缺乏对 C_{13} 过煤段高冒区原高温点（1992 年曾出现自燃征兆）的早期预测预报工作，造成火灾扩大，转为明火。

4. 事故处理经验

（1）本次事故处理整体方案制定正确，最大限度地减少了经济损失。因该带式输送机巷担负该矿东一、东二采区出煤任务，日出煤量 3000 余吨。如对该巷实施封闭，将造成巨大的经济损失。通过救护队现场侦察情况，指挥组快速果断采取喷浆注水后再注凝胶的综合灭火方案，仅用两天时间就控制了火情，整体方案正确起了关键作用。

（2）此次灭火期间，因抢险人员始终处于烟流回风侧，烟雾大，影响抢险作业。有人提议开缓冲仓门，调风减小烟雾，但指挥组认为增风后虽能减少烟雾，但同时将造成火情扩大，故始终保持原状通风，对火情发展也起到了一定的控制作用。

（3）此次事故在指挥组统一指挥下，采用救护队和矿方联合作战，在救护队实施保护下，非救护人员佩戴氧气呼吸器进入灾区施工作业，开创了抢险救灾工作的先例，提高了事故处理的速度和有效性，是一种管理上的创新。但这种做法是有前提的，即非救护人员必须掌握呼吸器的使用技能；同时该发火处相对较为安全，一是作业人员大都距新鲜风只有 70 多米；二是一氧化碳浓度不算非常高；三是无爆炸危险。

（4）救护队在事故处理中，使用正压呼吸器与井下救护通风系统组合，解决绞车信号问题；快速防火枪封堵喷浆缝隙效果明显，红外测温仪寻找高温点，提供打钻注水方位。这些新材料、新装备的投入运用，提高了队伍的整体作战能力。

（5）在使用注水法之前，为防止水煤气燃烧或爆炸，人员撤离现场，为以后类似事故的处理，积累了经验。

复习思考题

1. 对受火灾威胁人员撤退灾区的基本要求有哪些？
2. 上行风流中发火时如何根据烟流方向确定火源位置？
3. 何为火风压？并说出火风压的特性。
4. 矿井火灾时期有哪些风流紊乱现象？并说出它们的危害。
5. 处理火灾时的控风方法有哪些？为什么说在没有理由对矿井通风系统进行调整的情况下，一般都应采取正常通风？
6. 处理火灾时如何防止瓦斯爆炸？
7. 试述独头掘进巷道火灾的处理方法。

8. 试述用水灭火的注意事项和适用条件。

9. 试述封闭火区的顺序。

10. 选择密闭墙位置应考虑哪些因素？

11. 密闭墙的类型有哪些？试述红砖密闭墙的施工方法。

第六章 火区管理与启封

第一节 火 区 管 理

由于矿井发生火灾（包括内因火灾和外因火灾）而封闭的采掘空间或区域，称为火区。火区封闭后，应加强管理，防止漏风，使火区内的火尽快熄灭。同时要将火区安全启封，防止在启封过程中因复燃而造成新的事故。

一、火区卡片管理

《煤矿安全规程》规定，煤矿企业必须绘制火区位置关系图，注明所有火区和曾经发火的地点。每一处火区都要按形成的先后顺序进行编号，并建立火区管理卡片。火区位置关系图和火区管理卡片必须永久保存。

绘制火区位置关系图的目的，就是要告诫人员，煤矿井下在什么地方有尚未熄灭的火区，在附近进行采掘作业时，要特别小心，防止与火区贯通，引起有害气体泄出，造成中毒窒熄人身伤亡事故的发生和引起火灾气体爆炸。

凡发生过矿井火灾的煤矿，都必须绘制火区位置关系图，注明所有火区和曾经发火的地点。对所有火区都必须建立火区管理卡片。火区管理卡片应符合下列要求：

（1）火区管理卡片应包括：

①火区基本情况登记表（表6-1）。

表6-1 火区基本情况登记表

火区名称：　　　　　　　　　　　　　　　　　　　　　　火区编号：

发火时间	年 月 日 时 分	发火地点及标高 （该表背面要附火区位置示意图）	
发 火 原 因			
发火当时情况	火灾处理方法及经过		
	火灾处理延续时间/h		
	火灾波及范围	封闭巷道总长度/m	
		封闭工作面个数/个	
	密闭数量	临时密闭/个	
		永久密闭/个	
	注入水量/m³		
	注入河沙、泥浆/m³		
	注入惰性气体/m³		

表6-1(续)

火灾造成损失	影响生产时间/h		
	影响产量/10^4t		
	冻结煤量/10^4t		
	设备损失	封闭/台、件	
		烧毁/台、件	
煤层产状	厚度/m		
	倾角/(°)		
煤层自燃情况	煤层自燃危险等级		
	煤层自然发火期/月		
采煤方法			
采掘起止日期			

②火区灌浆、注砂、注惰气记录表（表6-2）。

表6-2　火区灌浆、注砂、注惰气记录表

火区编号：　　　　　　　　　　　　　　　　　　　　　　　　　防火墙编号：

钻孔防火墙编号	位置		钻机编号	打钻时间	套管直径/mm	孔深/m	灌浆			注砂		注惰气		备注
	地面	井下					日期	注浆量/m^3	泥水比	日期	注砂量/m^3	日期	注惰气量/m^3	

③防火墙及其观察记录表（表6-3）。

表6-3　防火墙内气体成分、温度等观测记录表

火区编号：　　　　　　　　　　　　　　　　　　　　　　　　　防火墙编号：

| 地点 | 封闭日期 | 厚度/m | 断面积/m^2 | 建筑材料 | 施工负责人 | 砂浆惰气注入量/m^3 |
| | | | | | | |

观测日期	防火墙内气体浓度/%								防火墙内温度/℃	防火墙出水温度/℃	防火墙内外压差/Pa	发现情况
	CH_4	O_2	CO_2	CO	N_2	C_2H_4	C_2H_2	H_2				

④火区位置示意图。

（2）火区管理卡片由矿通风部门填写，并装订成册，永久保存。

（3）火区位置示意图应以通风系统图为基础绘制，即在通风系统图上标明火区的边界、火源点位置、防火墙类型、位置与编号、火区外围风流方向、漏风路线、均压技术实施位置等，并绘制必要的剖面图。

二、密闭墙管理

密闭墙是火区管理的重要构筑物，它的严密性在很大程度上决定着封闭火区的灭火效果，必须定期进行检查。密闭墙的管理应遵守下列规定：

（1）每个防火墙附近必须设置栅栏、警标，禁止人员入内，并悬挂说明牌。

（2）应定期测定和分析防火墙内外的气体成分、浓度、温度、压差，将测定结果连同测定日期和测定人员姓名标明在防火墙附近悬挂的说明牌上。如发现封闭不严、有其他缺陷或火区有异常变化时，必须采取措施及时处理。

（3）所有检查结果都要记入防火记录簿中。

（4）矿井进行大的风量调整时，应测定防火墙内的气体成分和空气温度。

（5）井下所有永久性防火墙都应编号，并在火区位置关系图中注明。

（6）应将防火墙内外气体成分、浓度、温度和压差变化等绘制成随时间变化的曲线图，以便随时了解、掌握这些单项指标的变化趋势及规律。通风及防火部门的人员要按时审阅。

（7）防火墙应用石灰刷白，以利于发现是否有漏风的地方。防火墙发出的"咝咝"声可以作为防火墙是否漏风和渗出火灾瓦斯的征兆，凡是发现的每一处漏风的地方，都应当立即用黏土、灰浆等抹平，喷一层砂浆或混凝土。砌砖防火墙及料石防火墙应定期勾缝，防止漏风。

第二节　火　区　启　封

一、火区启封概述

矿井火区封闭之后，在加强火区管理的同时，最重要的任务是了解何时及如何启封火区，尽快安全地恢复生产。启封火区是一项比较复杂而又危险的工作，一定要谨慎从事。《煤矿安全规程》规定，封闭的火区，只有经取样化验证实火已熄灭后，方可启封或注销。火区同时具备下列条件时，方可认为火已熄灭：

（1）火区内的空气温度下降到30 ℃以下，或与火灾发生前该区的日常空气温度相同。

（2）火区内空气中的氧气浓度降到5%以下。

（3）火区内空气中不含有乙烯、乙炔，一氧化碳浓度在封闭期间内逐渐下降，并稳定在0.001%以下。

（4）火区的出水温度低于25 ℃，或与火灾发生前该区的日常出水温度相同。

（5）上述4项指标持续稳定的时间在一个月以上。

由于多方面的原因，所测得的火区内大气温度、一氧化碳浓度、氧气浓度并不能准确反映着火带的燃烧，特别是阴燃状况，而着火带的阴燃状况在防火墙外是难以了解的。所以，无法确定可靠的、实践可行的准确指标来判定火源是否熄灭。《煤矿安全规程》所规定的几项指标只能是在实践可行的前提下提供火区启封作业的相对安全保障。在火区启封时必须要制定安全措施和实施计划，并报主管领导批准。要做好一切应急准备工作，要有启封失败而必须重新再次封闭的思想与物质准备（重新封闭构筑防火墙的位置、方法、顺序、材料和安全避灾路线等）。

火区启封计划和安全措施应包括：①火区基本情况及灭火注销情况；②火区侦察顺序与防火墙启封顺序；③启封时防止人员中毒、防止火区复燃和防止爆炸的通风安全措施；④附图。

二、火区启封实施

1. 火区启封准备

经过对火区取样化验分析，确认火已熄灭，每项指标都符合《煤矿安全规程》规定的要求，才能启封火区。启封火区前应做好下列准备工作：

（1）启封火区必须由矿山救护队负责进行。

（2）启封火区必须制定专门的安全措施。

（3）启封火区前必须将火区回风风流所经过巷道中的人员全部撤出。

（4）启封火区前必须切断火区回风风流侧的电源。

（5）启封火区前必须准备好启封火区及重新封闭火区时所用的材料和设备。

（6）启封火区前必须制定好组织工作计划，将责任落实到人，分工明确。

（7）启封火区前必须组织负责施工的救护队员认真学习、讨论启封火区的专门措施，并制定自己的行动计划及安全措施。

（8）启封火区前应认真检查密闭墙附近各种气体含量和巷道支护等情况，支护不合格时应重新加固。

2. 火区启封方法

火区启封应采用锁风（逐段恢复通风）法，当条件具备时，可考虑采用通风法启封。

1）锁风法启封火区

（1）锁风法启封火区的适用条件如下：

①火区范围较大。

②经过对封闭区的气样分析，发现仍有大量的可燃气体。

③火区内的火没有完全熄灭，决定进入火区采用其他方法灭火。

④难以确认火区内的火是否彻底熄灭。

（2）锁风法启封火区按以下步骤施工。先在原有的火区进风防火墙外面砌筑一道带小门的锁风防火墙，它与原防火墙之间的距离应保证能储放砌筑一道锁风防火墙所需的材料（水泥、砂石、坑木等）和工具，且不小于 5~6 m。救护队员进入，风门关闭，打开原防火墙，救护队员进入火区侦察，确认在一段距离范围内无火源，可选择适当地点构筑新的带门的锁风防火墙。锁风防火墙建好后，就可打开原来的防火墙，恢复通风，排除有害气体并加固支架。只有当新的防火墙建好后，才可以打开第一个防火墙的门。如此分段逐步向火源逼近，直至火区出风侧防火墙被拆除，恢复全区正常通风为止。

（3）采用锁风法启封火区的注意事项如下：

①启封火区工程量多、耗时长、费用高，只有在不能采用通风法启封时才采用。

②启封过程中，应当定时检查火区气体，测定火区气温，如发现有自燃征兆，要及时处理，必要时应重新封闭火区。

③逐段启封时，应及时喷水降温，防止阴燃火复燃。

④启封火区时，一定要确保火区一直处于封闭、隔绝状态。

⑤下一道防火墙与前一道防火墙之间的距离，不宜太大，一般不超过150 m；若条件许可时，可适当加大，最大不应超过300 m。

⑥启封过程中，应注意防火墙内气流是否稳定，若出现"呼吸"现象，风流方向变化频繁，就预警有爆炸的可能。

⑦在冒顶处若烟雾增加，就预警有复燃的可能。

⑧在启封火区工作完毕后的3天内，每班必须由矿山救护队检查通风工作，并测定水温、空气温度和空气成分。只有在确认火区完全熄灭、通风等情况良好后，方可进行生产工作。

2）通风法启封火区

（1）通风法启封火区的适用条件如下：

①火区范围小。

②确认火区内的火完全彻底熄灭。

③着火带附近无顶板大量垮塌。

④火区内可燃气体浓度低于爆炸界限。

⑤火区附近通风系统可靠，风量充足，便于启封火区后及时通风。

（2）通风法启封火区按以下步骤施工。启封前预先确定火区气体的排放路线，撤出排放路线上的一切人员，切断回风侧电源。首先打开一个出风侧防火墙（先打开一个小孔进行观察，无异常情况后再逐步扩大，直至将其完全打开），过一段时间后，再打开一个进风侧防火墙，待有害气体排放一段时间无异常现象，相继打开其余防火墙。打开进回风防火墙的短期内要采取强力通风，以冲淡和稀释火区积存的瓦斯。并要求工作人员撤离一段时间，待1~2 h后再进入火区，对高温点洒水灭火，进行火区的恢复工作。

通风法启封火区若应用恰当，是一种最迅速、最方便、最安全和最经济的方法。通风法可以用于全矿井地面封闭的火区启封中，因为人员在初期不用下井，可以保证人身安全。但是如果通风法启封火区应用不当，会造成火区复燃、火势扩大甚至爆炸事故，成为最缓慢、最困难、最危险而最不经济的方法。

（3）采用通风法启封火区的注意事项如下：

①必须先启封回风侧的防火墙，先打开一个小孔，逐渐扩大，严禁一次全部打开防火墙。

②打开进回风防火墙后，将工作人员撤出，待1~2 h后，若未发生爆炸和其他异常情况，准备好直接灭火工具，选择一条最短、维护良好的巷道进入原发火地点，进行清理，喷水降温。

③通风启封的过程中，应设专人经常检查火区气体，发现异常情况及时处理。

④进风侧防火墙一般处于火区下部，容易有二氧化碳积存。启封前和启封时要注意检查，防止二氧化碳逆风流流动造成危害。

三、火区启封引起瓦斯爆炸案例

某年7月16日1时40分，某矿501采区1号煤门火区启封时，火区内积聚大量瓦斯，启封时用局部通风机向火区供风，引起瓦斯爆炸。负责向火区内接设风筒的6名救护队员死亡。501采区启封火区瓦斯爆炸事故示意图如图6-1所示。

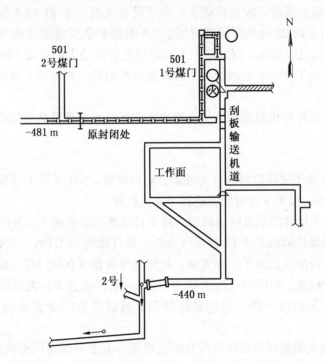

图6-1　某矿501采区启封火区瓦斯爆炸事故示意图

1. 采区情况

501采区位于井田东翼边缘，回采段高为40 m(−480～−440 m)。1号煤门的刮板输送机道于1970年7月1日掘进东准备道拉门时，爆破引燃高粱帘子造成火灾，一氧化碳中毒死亡5人。事故发生后，将煤门入、回风巷设对门充填河沙予以封闭。

为了找到遇难人员的遗体，矿决定于7月5日启封火区，救护队员由−440 m回风巷打开木板密闭用水冲扒沙子进入火区内，由于温度高达46℃，仅找到一名遇难者遗体，便再次进行封闭。并在−480 m入风巷对门处新设一个红砖防水密闭，然后向火区注水降温灭火。

7月13日，第二次启封火区，由救护队从−440 m回风管子道扒开沙子进入火区。由于注水降温后火区内温度下降，烟雾减少，能见度增高，这时在工作面上口发现了另外4名遇难者遗体，运出后予以封闭。在探察和运人过程中发现工作面里浮煤多，有自燃的危险，矿决定于7月14日第三次启封，由救护队员进入灾区接设充填沙管。

2. 事故经过

当时，由于生产任务较重，采区接续紧张，矿领导为了继续回采 501 采区 1 号煤门被冻结的 40×10^4 t 煤炭，决定第四次启封火区，早日恢复生产。

7 月 15 日 18 时 20 分，将 -480 m 入风侧红砖密闭打开后，首先由 5 名救护队员锁风进入灾区侦察。他们一直到达火源处，发现火源被冒顶覆盖，没有发现明火，空气温度为 40 ℃，巷道支架比较完整。井下指挥部根据侦察结果，决定在 2 号煤门以西设一台 11 kW 局部通风机，把胶皮风筒接到 1 号煤门刮板输送机道冒顶处（火源点），准备送风排出瓦斯恢复通风后，再组织人员扒通巷道，修复支架，恢复生产。胜利矿 7 名救护队人员接设 140 m 风筒到煤门第二部带式输送机机头，由于没有风筒，于 21 时 4 分退出，等井上往下调运风筒。16 日 0 时 25 分风筒运到现场后，6 名救护队员继续边送风边接设风筒。当 1 号煤门带式输送机道接设完，拐过陡上人行道接近冒顶处大约接设 110 m。1 时 45 分发生了瓦斯爆炸，正在工作的 6 名救护队员被瓦斯爆炸的冲击波冲到 1 号煤门带式输送机机尾，当即全部死亡。

瓦斯爆炸后，在外待机的救护队员立即冲入灾区将 6 名遇难队员运出来，将火区再次封闭。

3. 事故原因

（1）严重违反关于火区启封的有关规定，启封频繁。501 采区 1 号煤门从 7 月 1 日发火到 16 日瓦斯爆炸，仅半个月时间就进行了 4 次启封。

（2）501 采区 1 号煤门刮板输送机道 7 月 1 日爆破引起火灾予以封闭后，火区内部积聚了大量瓦斯，据爆炸前的 7 月 14 日采气分析，氧气浓度为 1.0%，瓦斯浓度为 74.4%，不具备爆炸条件。救护队员为了工作方便，把氧气呼吸器放在煤门带式输送机上。局部通风机边供风边接设风筒，风筒的瓦斯浓度为 1.2%，这样长达 8 h 大量供风后，使火区内氧气浓度增加，瓦斯浓度下降，达到爆炸界限，遇到没有完全熄灭的明火后引起瓦斯爆炸。

（3）火区内的火源被冒顶压住并没有彻底熄灭。由于局部通风机供风后，大量供氧，于是出现明火，为瓦斯爆炸提供了引爆火源。

（4）锁风启封时应逐段恢复通风，同时要测定回风流中一氧化碳浓度，当其异常时应立即停止向火区供风，并重新封闭火区。但 7 月 15 日在测得回风流中一氧化碳浓度很大的情况下，仍开动局部通风机进行通风，最终氧气浓度增加，瓦斯浓度下降，并出现明火，使瓦斯爆炸的 3 个条件同时具备，引起爆炸。

（5）救护队员违反操作规程，擅自摘下氧气呼吸器。

复习思考题

1. 封闭火区内火灾熄灭的标志有哪些？
2. 试述锁风法启封火区的步骤。

参 考 文 献

［1］ 吕智海，王占元．矿井火灾防治［M］．北京：煤炭工业出版社，2007.

［2］ 常现联，冯拥军．煤矿安全［M］．北京：煤炭工业出版社，2009.

［3］ 徐精彩，等．煤层自燃胶体防灭火理论与技术［M］．北京：煤炭工业出版社，2003.

［4］ 付永水，李建新．义马矿区煤层自然发火防治技术［M］．北京：煤炭工业出版社，2006.

［5］ 张国枢．通风安全学［M］．徐州：中国矿业大学出版社，2000.

［6］ 刘景华．矿井火灾防治技术［M］．北京：煤炭工业出版社，2007.

［7］ 陈学吾．煤矿安全［M］．徐州：中国矿业大学出版社，1993.

［8］ 周心权，方裕璋．矿井火灾防治［M］．徐州：中国矿业大学出版社，2002.

［9］ 方裕璋．抢险救灾［M］．徐州：中国矿业大学出版社，2002.

［10］ 靳建伟．煤矿安全［M］．北京：煤炭工业出版社，2005.

［11］ 崔洪义．矿井火灾防治［M］．徐州：中国矿业大学出版社，2002.

［12］ 王道清．矿山救护［M］．徐州：中国矿业大学出版社，2002.

［13］ 王捷帆，李文俊．中国煤矿事故暨专家点评集［M］．北京：煤炭工业出版社，2002.

［14］ 国家安全生产监督管理总局矿山救援指挥中心，中国煤炭工业劳动保护科学技术学会矿山救护专业委员会．矿山事故应急救援战例及分析［M］．北京：煤炭工业出版社，2006.

图书在版编目（CIP）数据

矿井火灾防治/庞国强主编．--2 版．--北京：煤炭工
业出版社，2017

中等职业教育"十三五"规划教材

ISBN 978-7-5020-5755-8

Ⅰ.①矿…　Ⅱ.①庞…　Ⅲ.①井下火灾—矿山防火—
中等专业教育—教材　Ⅳ.①TD75

中国版本图书馆 CIP 数据核字（2017）第 053567 号

矿井火灾防治　第 2 版（中等职业教育"十三五"规划教材）

主　　编	庞国强
责任编辑	张　成
编　　辑	郝　岩
责任校对	尤　爽
封面设计	王　滨

出版发行　煤炭工业出版社（北京市朝阳区芍药居 35 号　100029）

电　　话　010-84657898（总编室）

010-64018321（发行部）　010-84657880（读者服务部）

电子信箱　cciph612@126.com

网　　址　www.cciph.com.cn

印　　刷　北京玥实印刷有限公司

经　　销　全国新华书店

开　　本　787mm×1092mm$^1/_{16}$　印张　11$^1/_4$　字数　261 千字

版　　次　2017 年 7 月第 2 版　2017 年 7 月第 1 次印刷

社内编号　8618　　　　　　　　定价　22.00 元